大疆无人机摄影与视频拍摄一本通

千知影像学院 ◎ 编著

人民邮电出版社
北京

图书在版编目（CIP）数据

大疆无人机摄影与视频拍摄一本通 / 千知影像学院编著. -- 北京 : 人民邮电出版社, 2024.10
ISBN 978-7-115-64465-7

Ⅰ. ①大… Ⅱ. ①千… Ⅲ. ①无人驾驶飞机—航空摄影 Ⅳ. ①TB869

中国国家版本馆CIP数据核字(2024)第109032号

内 容 提 要

本书是一本实用的大疆无人机摄影与摄像零基础教程。全书首先介绍了无人机航拍的安全常识，无人机的硬件与软件，摄影基础与参数设置，无人机的摄影与摄像功能，航拍前的准备与在特殊场景航拍的注意事项等基础知识；然后详细讲解了航拍的拍摄手法，航拍景别、光线、构图与视角的应用等进阶知识；最后分享了使用DJI Fly App剪辑视频的相关知识，包括素材管理、模板编辑、高级编辑等内容。

本书内容翔实，通俗易懂，并辅以案例照片及示意图详细解析，即使是没接触过无人机的摄影爱好者，也能快速了解航拍相关知识并提高航拍水平。对于有一定飞行经验的航拍摄影师，本书也有一定的参考价值。

◆ 编　　著　千知影像学院
　责任编辑　胡　岩
　责任印制　周昇亮

◆ 人民邮电出版社出版发行　　北京市丰台区成寿寺路 11 号
　邮编　100164　　电子邮件　315@ptpress.com.cn
　网址　https://www.ptpress.com.cn
　北京九天鸿程印刷有限责任公司印刷

◆ 开本：880×1230　1/32
　印张：4.5　　2024 年 10 月第 1 版
　字数：191 千字　　2025 年 5 月北京第 5 次印刷

定价：39.80 元

读者服务热线：(010)81055296　印装质量热线：(010)81055316
反盗版热线：(010)81055315

前言

无人机摄影与摄像是近年来流行的拍摄方式，它以全新的视角和视野改变了我们对影像的认识。从高空中鸟瞰的视角，能够使我们发现平时无法见到的美丽景色，也能使我们更好地理解和展现世界。

在本书中，我将从无人机的基础知识开始讲解，带领大家学习如何安全地控制无人机飞行，逐步深入探讨航拍技巧，学习如何捕捉美丽的风景和精彩的瞬间。通过研究不同的运动镜头和拍摄手法，让航拍视频更具视觉冲击力和叙事表现力。

在撰写本书的过程中，我深感摄影与摄像是一种艺术。它需要我们有丰富的理论知识，也需要我们有丰富的实践经验。我希望本书能够帮助您在理论和实践中找到适合自己的拍摄技巧，在无人机摄影与摄像的旅程中不断进步。

无人机摄影与摄像是一种创新的视觉表达方式，也是一种将世界以全新角度呈现的方式。期待您通过学习和实践，找到属于自己的视角，捕捉并分享那些只有您能看见的独特风景。

感谢您选择本书，本书将是您无人机摄影与摄像旅程的起点，将带领您进入一个全新的世界。期待您在阅读本书的过程中，能够找到属于自己的摄影风格和视角，并在无人机摄影与摄像的旅程中享受飞翔的快乐和创作的满足。让我们一起开始这段旅程，去追寻属于自己的视觉世界，一起创新，一起探索无人机摄影与摄像的无尽可能。

目录

第1章 无人机航拍的安全

无人机航拍的安全主要包括3个方面：第一，按规定，无人机操作者要持有无人机飞行执照；第二，要注意禁飞区、限高区等，否则可能会导致“炸机”；第三，飞行时，不但要注意无人机的安全，还要注意下方建筑及行人的安全。

1.1 禁飞区与限高区

为了保障公共空域的安全，有关部门和无人机公司为无人机设置了禁飞区和限高区。

1.1.1 禁飞区

禁飞区，简单来说就是指未经允许无人机不得飞入和经过的空域。空域主要分为融合空域和隔离空域。融合空域是指民航客机与无人机都可以飞行的空域，也就是我们可以进行航拍的空域。隔离空域我们很少接触到，可以不做了解。

禁飞区分为临时管制禁飞区和固定禁飞区。

临时管制禁飞区在多数情况下为相关部门根据飞行任务宣布某处空域在一段时间内禁飞，相关部门还会公布具体的经纬度坐标及高度要求；大型演出、重要会议、灾难营救现场等区域也可能会设置临时管制禁飞区，以维护公共安全。禁飞通知一般由当地公安部门负责下发。我们在飞行无人机之前需要了解当地的禁飞政策，尤其是在陌生城市，避免由于无人机飞入禁飞区而引发不必要的麻烦。

固定禁飞区是指机场、军事基地、政府机关、工业设施等区域及其周边区域。为了避免飞行风险，重要政府机关、监狱、核电站等敏感区域会设置禁飞区，这些区域边界向外延伸 100 米为永久禁飞区，完全禁止飞行。为了保护航班的起降安全和军事机密，各个城市的民用机场和军用机场更是重点禁飞区，机场跑道中心线两侧各 10 千米、跑道两端各 20 千米范围内禁止除飞机以外的一切飞行器的飞行。

多边形限飞区如下图所示。

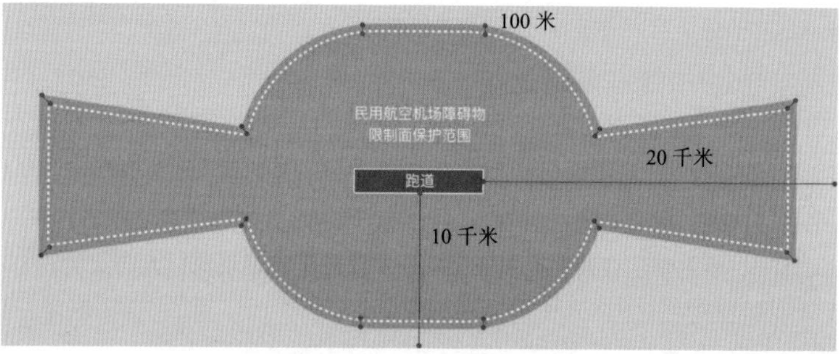

注：以上为机场限飞区划定原则，具体区域根据各机场的环境不同而有所区别

圆形限飞区如下图所示。

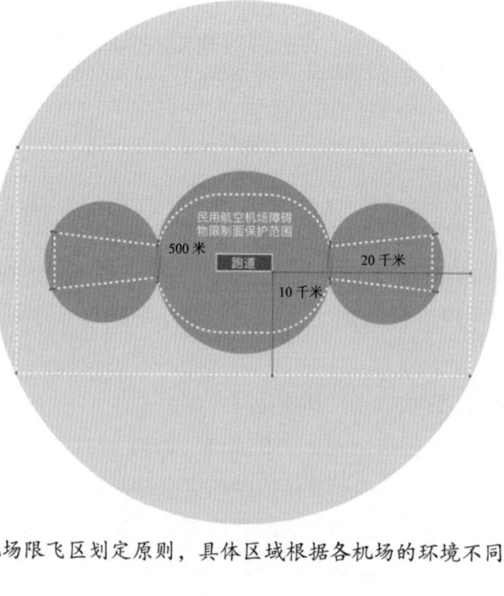

注：以上为机场限飞区划定原则，具体区域根据各机场的环境不同而有所区别

机场禁飞区：由中国民用航空局定义的机场保护范围向外拓展 100 米形成的禁飞区。

机场限飞区：在跑道中心线两侧各延伸 10 千米，跑道两端向外延伸 20 千米，飞行高度限制在 150 米以下。

大疆无人机的操作界面中会对常见的机场禁飞区进行标注。

1.1.2 限高

我国大部分地区都是微型、轻型无人机的适飞空域，无须申请即可合法飞行，且这类飞行无强制证照资质要求，并不是一飞就“吃罚单”。那么为什么我们总能在新闻上看到有人因为飞行不当而“吃罚单”呢？其实，很大一部分原因是他们超高飞行了。那么无人机到底飞多高才是安全合规呢？

一般来说，微型无人机适飞空域高度在 50 米以下，轻型无人机适飞空域高度在 120 米以下。只要不超过限制飞行高度，无人机飞行完全可以合法又畅快。

1.1.3 查询禁飞区与限高区

目前在大疆官方网站可以查询机场禁飞区，不过该网站只支持大疆无人机的查询。查询方法如下。

第一步：打开大疆官方网站。

第二步：选择需要查询的国家或地区。

第三步：选择你的无人机型号。

在完成上述 3 个步骤后，我们就会看到禁飞区分布图。红色区域为禁飞区，禁止一切飞行器飞行，灰色区域为 120 米限高区。

点击“查看临时禁飞区信息”，可以查看部分临时禁飞通知，里面详细列出了禁飞的城市和区域、禁飞的起止时间、通知发布部门及禁飞要求等信息，你可以根据这些信息合理安排飞行计划。

在大疆的禁飞区查询界面，我们还可以看到除禁飞区和限高区外的授权区、警示区、加强警示区及其他区域的标注。根据这些标注了解和熟悉空域会为你合法飞行无人机提供帮助。

你也可以在 DJI Fly App 主界面查询禁飞区。

进入 DJI Fly App 主界面，点击左上角的“附近航拍点”按钮，在弹出的界面中点击搜索框，输入你想查询的地点，即可在地图上看到该地点的禁飞区。

点击“附近航拍点”按钮

1.2 飞行安全注意事项

1.2.1 检查无人机的飞行环境是否安全

无人机的飞行环境很重要，什么样的环境需要格外注意，什么样的环境可以自由自在地使用无人机，这些都需要我们掌握。只有对飞行环境有充足的了解，我们才能安全地使用无人机，以免发生安全事故。

（1）无人机不能在人群聚集的环境起飞。无人机起飞时要远离人群，不能在人群上方飞行。因为无人机的桨叶很锋利且旋转速度很快，若碰到人会将人划伤，进而造成麻烦。

（2）无人机不能在放风筝的区域飞行。我们不能在放风筝的区域飞行无人机，风筝可以说是无人机的“天敌”。之所以这么说，是因为风筝靠一根很细的长线控制，而无人机在天上飞的时候，这根细细的长线在图传屏幕上根本不可见，无人机的避障功能也会因此失效。如果无人机不小心碰到了风筝线，那么无人机的桨叶就会被风筝线缠住，甚至会直接导致“炸机”。

远离人群飞行

不能在放风筝的区域飞行无人机

（3）无人机不能在密集的建筑群中飞行。在城市中飞行无人机时，要寻找开阔地带。无人机主要依靠 GPS 进行定位，此外还依靠各种传感器才得以在空中安全飞行。但在高低错落的城市建筑群中，建筑外部的玻璃幕墙会影响无人机接收信号，进而造成无人机乱飞的情况。同时高层建筑楼顶可能会有信号干扰装置，无人机如果与其靠得太近，很可能丢失信号，进而失联。

在城市高空飞行

（4）不要在大风、雨雪、雷电等恶劣天气时飞行。如果室外的风速达到5米/秒及以上，此时飞行无人机比较危险，尤其是小型无人机，它们在这种环境中飞行会直接被风吹跑。大型无人机相对而言抗风性能会比较好，但当风速太大时，其也很难维持机身平衡，可能会“炸机”。无人机在雨雪天气中飞行会被淋湿，同时受到的飞行阻力较大，这可能会对电池等部件造成损伤。无人机在雷电天气中飞行容易引雷到机身上，进而可能发生爆炸，非常危险。

航拍的雪山美景

1.2.2　检查无人机的机身是否正常

检查无人机的外观是飞行前的必要工作，主要包括以下内容。

（1）检查外观是否有损伤，硬件是否有松动现象。

（2）检查电池是否扣紧，未正确安装电池会对飞行造成很大的安全隐患。下方左图为电池未正常卡紧的状态，电池凸起，且留有很大缝隙；右图为正确安装电池的效果。

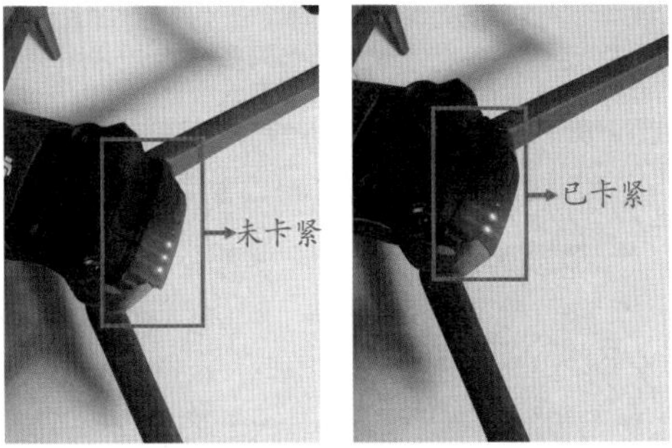

检查电池是否扣紧

（3）确保电机安装牢固，电机内无异物并且能自由旋转。

（4）检查螺旋桨是否正确安装。螺旋桨正确安装方法如下：①将带有标记的螺旋桨安装至带有标记的电机桨座上；②将桨帽嵌入电机桨座并按压到底，沿锁紧方向旋转螺旋桨到底，松手后螺旋桨将弹起锁紧。使用同样的方法安装不带标记的螺旋桨至不带标记的电机桨座上，如下图所示。

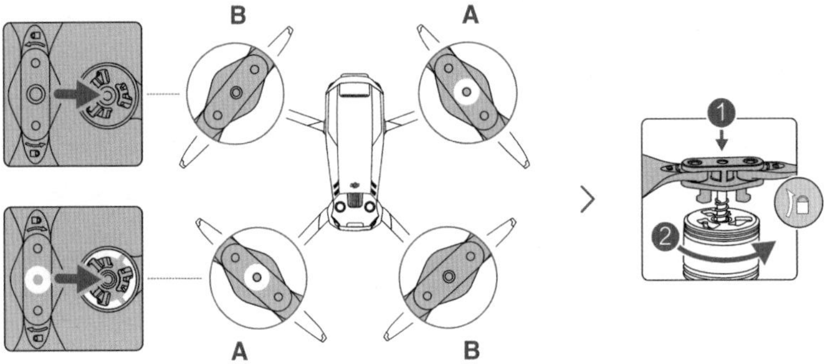

螺旋桨正确安装方法

（5）确保飞行器电源开启后，电子调速器（以下简称电调）发出提示音。

1.2.3 进行 IMU 校准和指南针校准

如果是全新的无人机，或者是受到大的震动、放置不水平的无人机，建议在起飞前做一次 IMU 校准，防止飞行中出现定位错误等问题。如果开机自检的时候显示 IMU 异常，就需要重新进行 IMU 校准。具体步骤如下：①打开无人机的遥控器，连上 DJI Fly App，把无人机放置在水平的台面上；②进入 DJI Fly App，打开“安全”—“传感器状态”，之后选择 IMU 相关选项进行校准即可。如果无人机处于易被电磁干扰的环境中（比如铁栏杆附近），那么进行指南针校准也是很有必要的。进行 IMU 校准与指南针校准的步骤如下图所示。

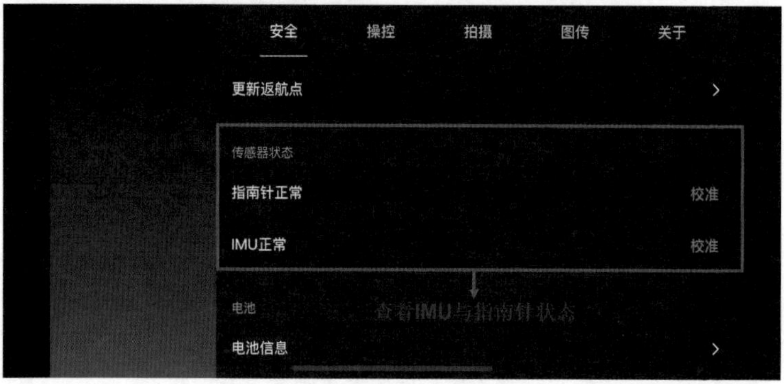

查看 IMU 与指南针状态

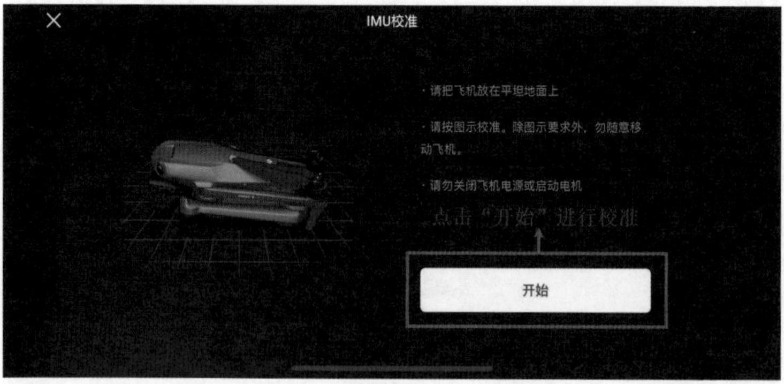

点击“开始”按钮进行 IMU 校准

点击“开始”按钮进行指南针校准

1.2.4　无人机起飞时的相关操作

无人机在沙地或雪地环境中起飞时，建议使用停机坪起降，这样能降低沙尘或雪水进入无人机造成无人机损坏的风险。在一些崎岖的地形中，也可以借助装载无人机的箱包来起降无人机。

无人机起飞后，操作者应该先使无人机在离地 5 米左右的高度悬停一会儿，然后试一试前、后、左、右等飞行动作能否正常做出，检查无人机在飞行过程中是否稳定、顺畅。如果无人机各项功能正常，操作者再使其上升至更高的高度进行拍摄。

在飞行过程中，遥控器的天线要与无人机的天线保持平行，而且遥控器与无人机之间要尽可能没有遮挡物，否则可能会影响对频。

以站立姿态操作无人机

1.2.5 确保无人机的飞行高度安全

无人机在户外飞行时，默认的最大高度是 120 米，最大高度可以通过系统设置调整到 500 米（当地没有限高的前提下）。对于新手来说，无人机飞行高度小于或等于 120 米时是比较安全的，因为这样无人机会始终处于我们的视线范围内，便于我们监测其动向。当无人机飞行高度大于 120 米时，我们就很难观测到无人机了。用户可以在 DJI Fly App 的安全设置中调整无人机的最大高度。

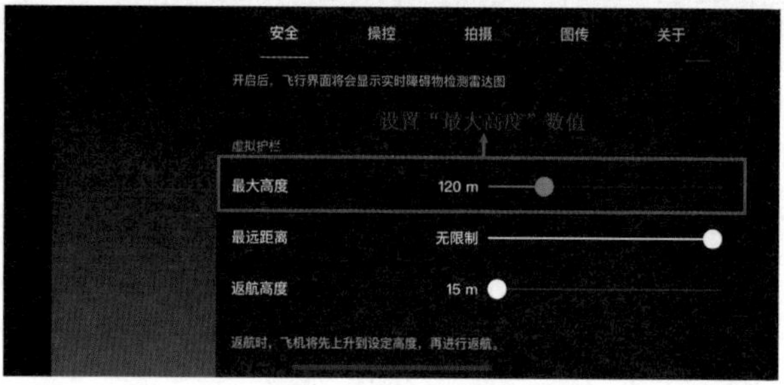

调整无人机的最大高度

1.2.6 深夜飞行注意事项

每当夜幕降临，华灯璀璨的美丽夜景总会让人流连忘返，此时我们可以借助无人机拍摄繁华的夜色。航拍夜景的地点大多是灯火通明的市区，但市区高楼林立，飞行环境相当复杂。要想安全地航拍夜景，就需要我们白天提前勘

航拍夜景

景、踩点。笔者建议大家提前在各大社交平台查询航拍夜景的飞行地点，找好机位后先在白天踩点，最好找一个宽敞的地方作为起降点。起降点一定要避开树木、电线、高楼、信号塔。因为在夜晚，肉眼难以看到这些障碍物，无人机的避障功能也会失效。此外，建议白天确定好飞行路线，如果有障碍物，光线会被切断。

1.2.7　飞行中遭遇大风天气的应对方法

无人机在大风天气中飞行时要格外注意，因为大风会使无人机失去平衡，甚至会吹跑小型无人机。笔者建议在大风天气中飞行时点击 DJI Fly App 左下角的按钮，再点击小地图右下角切换为姿态球，如下图所示。

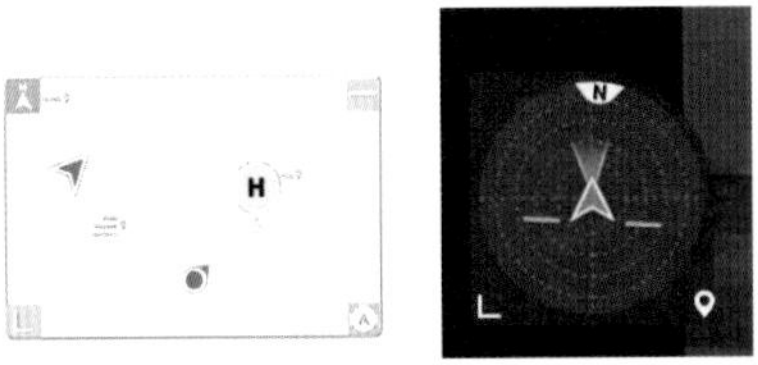

地图与姿态球模式可来回切换

姿态球中的双横线代表无人机的俯仰姿态，当无人机处于上仰姿态时，双横线位于箭头下方，反之双横线位于箭头上方。因为地表和高空的环境存在差异（高空中障碍物少，阻力小），通常都是无人机起飞之后，我们才发现风速过大。如果发现无人机遭遇强风，建议立刻降低无人机的飞行高度，然后尽快手动将无人机降落至安全地点。遇到持续性大风时，不建议使用自动返航，最好的应对方案是手动控制无人机返航。如果风速过大，DJI Fly App 通常会有弹窗警告，如下图所示。

如果遭遇突如其来的阵风或来自返航方向的逆风，无人机可能会无法及时返航。此时可通过肉眼观察，或查看图传画面，快速锁定附近合适的地方先行降落无人机，之后再前往寻找。判断降落地点是否合适有 3 个标准：一是降落地点周围行人多不多；二是降落地点会不会对无人机造成损坏，平坦的硬质地面最好；三是降落地点是否易于抵达且具有比较高的辨识度，便于后期寻找。

最后补充一点，当无人机遭遇大风且无法悬停时，我们可以调整无人机的飞行模式为运动模式，这样无人机可以以最大动力对抗强风。注意一定要将机头对着风向，使无人机逆风飞行，这样会大大增强无人机的抗风能力，但这种方法仅限于在紧急情况下使用，请勿轻易尝试。

1.2.8 飞行中图传信号消失的处理方法

当 DJI Fly App 上的图传信号消失时，应该马上调整天线与自身位置，看能否重拾信号，因为图传信号消失大概率是因为无人机距离过远或遥控器与无人机之间有遮挡。如果无法重拾图传信号，可以用肉眼寻找无人机的位置。如果可以看到无人机，那么就可以控制无人机返航；如果看不到无人机，那么可以尝试手动拉升无人机飞行高度来避开障碍物，使无人机位于开阔区域，这样也有可能重新获得图传信号。

如果还是没有图传信号，那么应该检查 DJI Fly App 上方的遥控信号是否存在，然后打开左下角的小地图，尝试转动摇杆，观察无人机朝向的变化。若有变化则说明只是图传信号丢失，用户依旧可以通过小地图操作无人机返航。

如果尝试了多种方法依旧无效，笔者建议按智能返航按键，然后等待无人机自动返航，这是比较安全的处理方法。

1.2.9 无人机降落时的相关操作

在无人机降落过程中，有许多需要注意的点。首先要确认降落地点是否安全，地面是否平整，区域是否开阔等。无人机的电量也需要我们注意，如果无人机的电量不足以支持其返航，无人机就会原地降落，这时我们需要通过小地图确定无人机的具体位置。无人机在不平整或有遮挡的路面降落可能会损坏。

在光线较弱的条件下，无人机的视觉传感器可能会出现识别误差。在夜间使用自动返航功能时应该事先判断无人机附近是否有障碍物，谨慎操作。等无人机返回至返航点附近时，手动控制无人机降落至安全的地点。

无人机降落至最后几米时，笔者建议将无人机的云台抬起至水平状态，以避免无人机降落时镜头磕碰到地面。等无人机降落到地面后，先关闭无人机，再关闭遥控器，以确保无人机开启时可时刻接收到遥控信号，进而确保安全。

无人机在不平整或有遮挡的路面降落可能会损坏

1.2.10　如何找回失联的无人机

以大疆无人机为例，我们如果不知道无人机失联时在哪个位置，那么可以给官方客服打电话，在客服的帮助下寻回无人机。除了寻求客服的帮助，我们还可以通过 DJI GO 4 App 与 DJI Fly App 自主找回失联的无人机。下面笔者将以 DJI GO 4 App 为例进行讲解。

（1）进入 DJI GO 4 App 主界面，点击右上角的“设置”按钮☰。

（2）在弹出的列表框中，点击“找飞机”选项，后续在打开的地图中可以看到当前的无人机位置。此外，也可以在弹出的列表中选择“飞行记录”，查看当前无人机的位置。

点击“设置”按钮

点击“找飞机”选项或“飞行记录”选项

（3）进入个人中心界面，最下方有一个记录列表。

点击记录列表中的第一条飞行记录。

记录列表

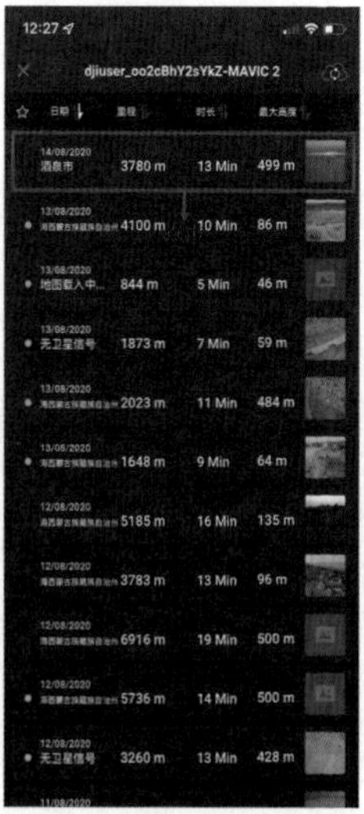

点击记录列表中的第一条飞行记录

在打开的地图界面中，可以详细查看该条飞行记录。

将界面最底端的滑块拖至最右侧，可以查看无人机失联前一刻的坐标，通过这个坐标，我们可以确定无人机的大概位置。目前大部分无人机实际坠机位置与该坐标的误差在 10 米之内。

详细查看飞行记录

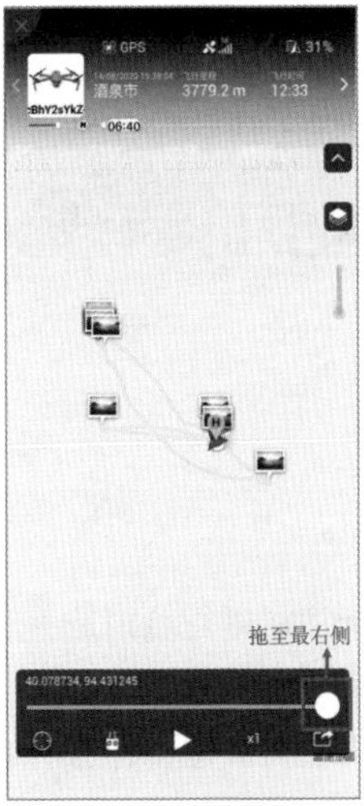

查看无人机失联前一刻的坐标

第2章

无人机系统、配件与基本操作

操作无人机进行航拍是一件看似简单、实则复杂的事情，其中包含许多细节和要点。

本章围绕无人机飞行前期的注意事项，以及实际操作中需要掌握的知识点进行讲解。通过学习本章的内容，大家会对航拍无人机的操作流程更加熟悉，在实际操作中也会更加得心应手，从而向着成为一名优秀的航拍摄影师的目标更进一步。

2.1 设备开箱与配件清点

我们收到购买的无人机后，一定要开箱检查。首先查看外包装是否完好无损，其次拆开外包装，查看无人机的外观是否完好无损，配件和说明书是否齐全。如果无人机或配件有损伤，我们应该及时联系售后人员解决问题，如果放任不管，可能会给以后的飞行埋下安全隐患。

如果你购买的是大疆无人机，一般来说包装盒内会附带一张设备清单，上面会详细列出无人机的部件和配件，以及它们的数量。查看 DJI Mavic 2 Pro 的设备清单，如果缺失了哪些配件，开箱后便能一目了然。无人机的手提箱内通常有多个分区，这种设计可以使我们更方便地收纳设备及配件。

设备清单有很大的用处，建议不要随手丢弃。在外出航拍之前，我们应按照设备清单上标注的顺序对设备进行逐一清点，检查设备是否携带齐全，以免因为缺少某个设备耽误拍摄进度，甚至无法拍摄。在一开始就养成核对设备清单的良好习惯并坚持下去，能帮助我们提升拍摄效率。

如果你购买的无人机包装盒内没有设备清单，那么你可以根据自己的拍摄偏好自制一份设备清单。设备清单中需要列明的内容包括设备主体、遥控器、桨叶、存储卡、电池、充电器，以及其他你需要携带的配件和它们的数量。现在你不妨拿出纸笔或打开计算机，试着列一张设备清单，如下图所示。

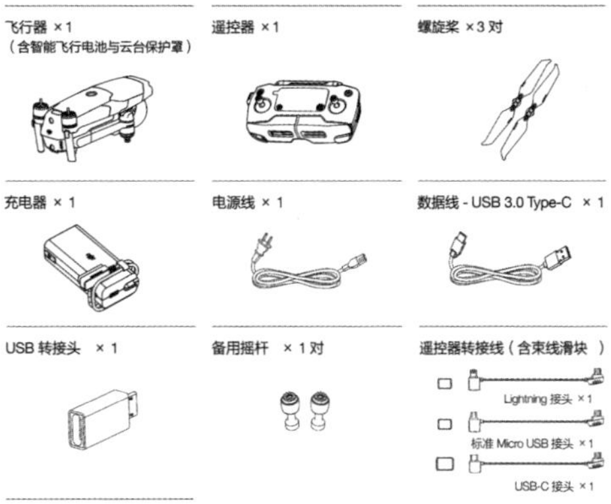

DJI Mavic 2 的设备清单

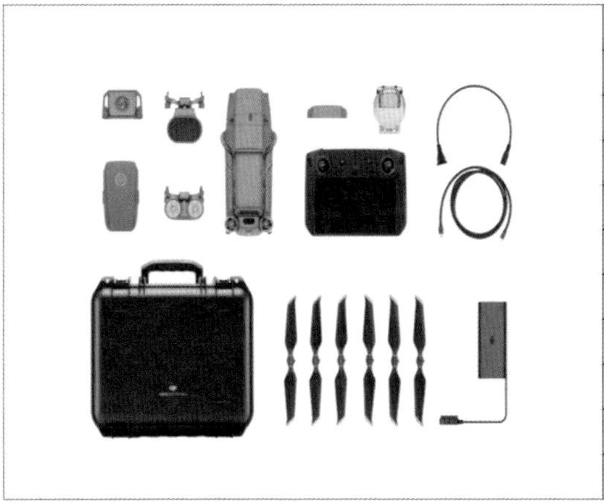

设备清单		
设备主体	1	个
电池	1	块
遥控器	1	个
桨叶	3	对
充电器	1	个
云台保护罩	1	个
喊话器	1	个
探照灯	1	个
夜航灯	1	个
手提箱	1	个

自制的设备清单

如果你觉得设备清单列起来很麻烦，不符合自己的习惯，那么你可以采用图片清单：将常用的设备及配件全部平放在桌子上，俯拍一张照片，将照片打印出来放在背包或手提箱内，在每次出门前根据照片内容逐一清点自己的设备。采用这个方法比使用设备清单更简单、直接。

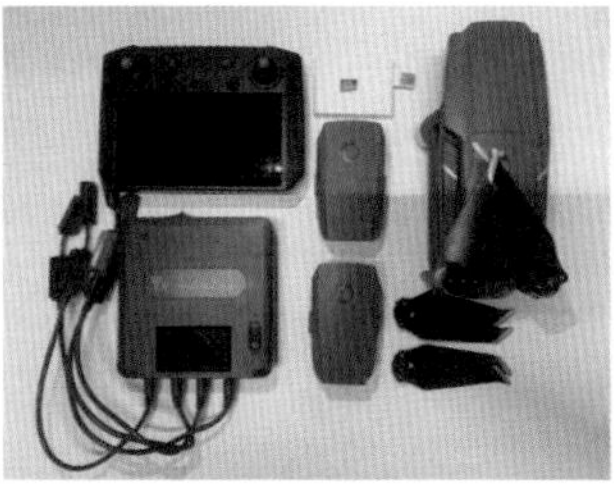

图片清单

2.2 阅读说明书

阅读说明书是了解一款产品最直接、最有效的途径之一。无人机的说明书详细介绍了其产品的性能、配件、功能及操作方法。因此，购买无人机后最好将产品说明书阅读一遍并保存好，以备不时之需。如果不小心将纸质版说明书弄丢了，可以在无人机品牌的官网上下载电子版说明书。

下面以 DJI Mavic 3 为例，演示在官网上下载电子版说明书的方法。

（1）第一步：打开大疆官网，单击网页顶端选项栏中的“航拍无人机”，选择“DJI Mavic 3”。如果你的无人机是其他型号，则在这里单击对应的产品型号即可。

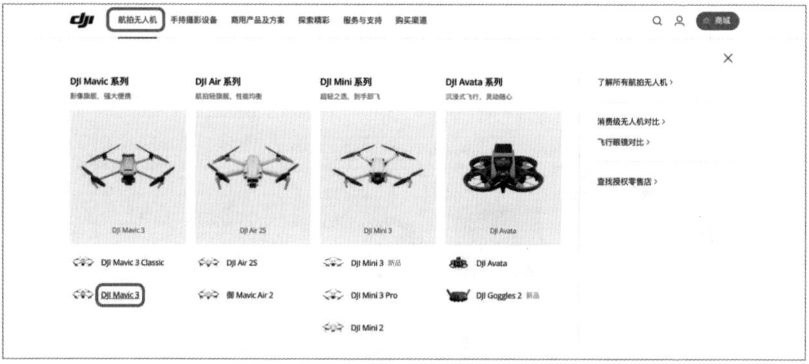

打开大疆官网，单击“航拍无人机”，选择产品型号

（2）第二步：单击网页右上角的“下载”，进入下载界面。

单击“下载”

（3）第三步：在文档中找到“DJI Mavic 3- 用户手册”，单击其后面的下载按钮进行下载，下载完成后会得到一个 PDF 格式的文档，这就是 DJI Mavic 3 的电子版说明书。

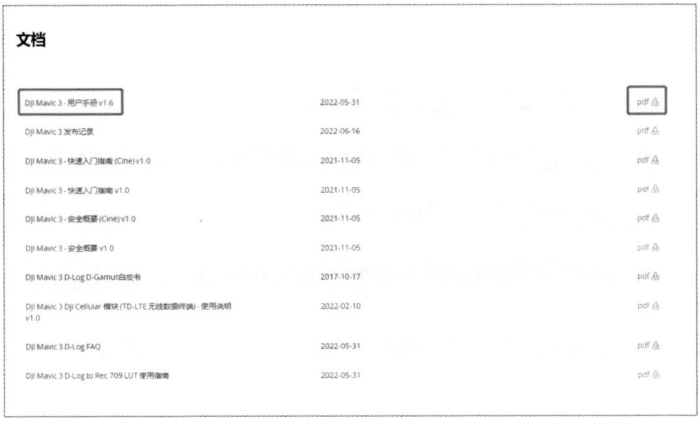

下载电子版说明书

（4）第四步：查看电子版说明书。下载完成后，打开 PDF 格式的电子版说明书，其中包含阅读提示、产品概述、飞行器、遥控器、DJI Fly App、飞行和附录等内容板块，你可以根据自己想要了解的重点有针对性地查看。

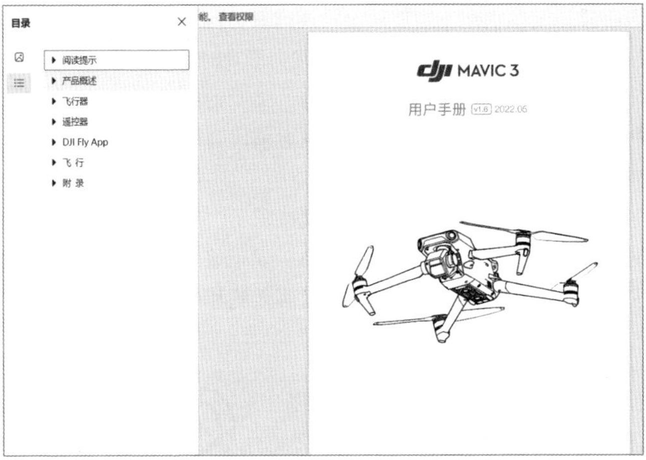

电子版说明书

2.3 无人机的部件组成

下页上方这张图是常见的多旋翼无人机的部件图。

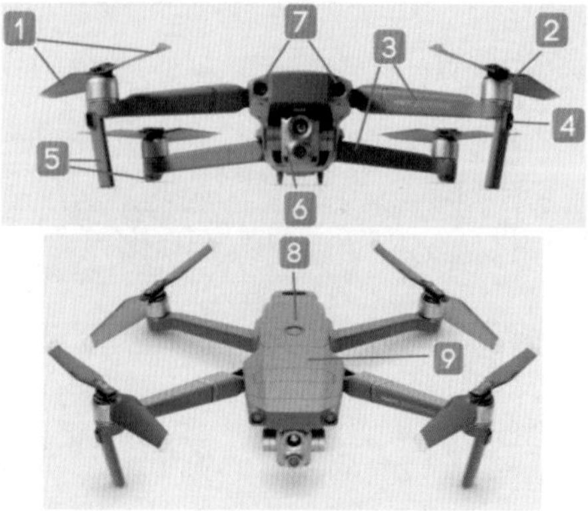

①螺旋桨
②电机
③机臂
④航向灯
⑤脚架
⑥云台镜头
⑦避障模块
⑧电池
⑨机身

多旋翼无人机部件图

下面对多旋翼的每个部件进行详细讲解。

1. 螺旋桨

四旋翼无人机设备共有 4 副螺旋桨，其中 2 副为正桨，上面标注有“CCW”字样，俯视视角下螺旋桨会沿逆时针方向旋转；另外 2 副为反桨，上面标注有“CW”字样，俯视视角下螺旋桨会沿顺时针方向旋转。桨叶外形采用两两相对的设计，可以通过外观进行区分。桨叶的材质有塑料、轻木、碳纤维等，其中最常见的是塑料。在使用无人机之前需要多加观察，如果桨叶出现破损需及时更换，否则会有“炸机”的隐患。

螺旋桨都安装在电机卡扣上，在俯视视角下，我们从右上角开始按逆时针方向来安装螺旋桨。首先在右上角安装第一副正桨，然后在左上角安装第一副反桨，按此顺序依次安装，确保正桨和反桨彼此相邻。六旋翼无人机和八旋翼无人机也遵循这种螺旋桨安装方法。

多旋翼无人机的正反桨叶

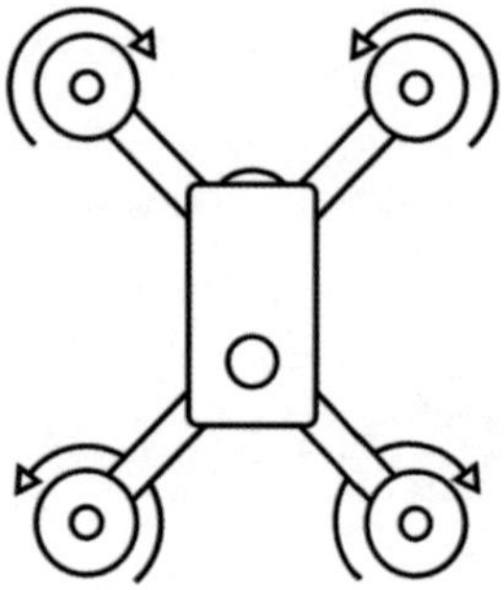

桨叶旋转示意图

2. 电机

电机是驱动螺旋桨旋转的重要动力装置。电机和螺旋桨一样，需要以正确的方向转动，才能保证无人机正常飞行。目前成品无人机都已经预设好电机的旋转方向，无须人工调试。目前的无人机都使用无刷外转子电机，其结构简单，坚实耐用，但金属线圈部分多裸露在空气中，所以大部分电机的防雨、防尘性能很差或基本没有。在操作无人机的时候，为了避免电机出现故障，要尽量避免无人机在下雨天和有浮尘、碎石的环境中飞行。

无刷外转子电机

3. 机臂

机臂是无人机搭载电机的部件，多旋翼无人机的机臂又称旋翼轴，有几个旋翼轴就代表是几旋翼无人机。在使用无人机的过程中需要注意，如果是折叠式无人机，则需要确认机臂连接处到达正确的限位；如果是卡扣式机臂设备，则需要确认卡扣紧固，避免出现机臂位置不准确或卡扣松动造成无人机掉落的危险情况。

机臂

航向灯

4. 航向灯

航向灯是无人机在空中判别机头、机尾方向的重要部件，前机臂上有 2 个前航向灯，后机臂上有 2 个后航向灯。无人机在空中飞行或悬停的时候，前航向灯为红色且常亮，后航向灯为绿色且不断闪烁。

带有长款脚架的无人机

5. 脚架

左图中的无人机采用的是简化脚架的设计，这使无人机的重心降低，减小了无人机的尺寸，降低了其结构的复杂程度，目前主流的折叠无人机都使用此类脚架。但无人机下方如果需要挂载重物吊舱或大型的云台增稳设备，则需要长度合适的脚架，这种脚架在一些老款无人机中很常见，如大疆的 Phantom 系列和经纬 M600。

6. 云台镜头

云台镜头是由云台和镜头组成的。云台是连接机身和镜头的部件，它的主要作用是让镜头拍摄的画面变得稳定。常见的云台分为两轴稳定云台和三轴稳定云台，前者只在 x 轴和 y 轴对镜头进行增稳，可以实现水平（左右）和俯仰（上下）动作中的稳定；后者则是在 x 轴、y 轴、z 轴上让镜头保持稳定，可以实现水平（左右）、俯仰（上下）、航向（水平平移）动作中的稳定，因此后者的增稳效果更好。目前市面上主流的航拍无人机采用的都是三轴稳定云台，只有一些入门级无人机采用两轴稳定云台。因此，我们在购买无人机的时候，应尽量购买具有三轴稳定云台的无人机。

搭配三轴稳定云台的镜头

镜头是航拍无人机的核心部件，它的成像效果直接关系到无人机的定位和价格。无人机镜头的性能可以通过图像传感器的大小和像素的高低来进行判断，如 DJI Mavic 3 搭配的镜头就有4/3英寸COMS，有效像素为2000万，相较于同像素、搭配1英寸的CMOS或1/2英寸CMOS传感器的镜头来说，其可以拍摄出画质更好的照片和视频。

镜头

7. 避障模块

随着无人机技术的日渐成熟，无人机在空中的安全性能成为开发工程师最关注的问题之一。避障模块开始出现在近些年推出的无人机中，并不断得到升级，这使无人机在飞行过程中可以有效避免许多不必要的碰撞危险。目前，无人机中都会加装避障传感器，这样无人机就具备了上、下、左、右、前、后6个方向的避障能力。在避障传感器检测到障碍物时，无人机会根据预设的避障距离制动悬停，避免撞向障碍物。不过，光滑的玻璃、电线、树枝、风筝线等物体是无人机无法通过避障模块进行规避的，所以避障功能并不是万能的，在无人机飞行时，我们还需要通过飞行经验的积累来更好地规避风险。

避障模块

8. 电池

电池是给无人机提供动力的部件。目前，无人机的电池基本都具备智能放电的功能。电池在满电或电量大于储存模式电压的状态下，空闲放置时间超过最大储存时间（可设置为3～10天），电池就会自动放电至储存电压。该功能可以延长电池寿命。电池如果一直满电存放，容易产生故

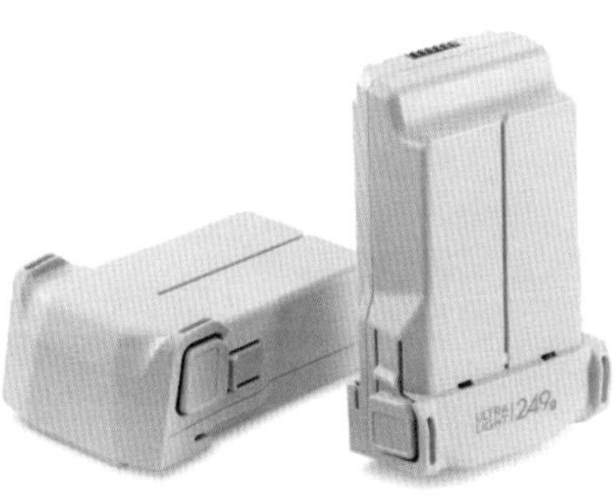

电池

障。所以，在无人机的日常保养中，我们需要定期检查电池的电量，超过 10 天不使用电池时，请将电池放电至 40% ～ 65% 电量存放，每 3 个月至少进行 1 次完整的充放电，将电池充满后，安装至飞行器开机耗电至 65% 进行存放。

9. 机身

一体化的机身设计

机身是无人机的主体，是连接搭载各个感知设备、动力系统、飞控系统的中心部件。机身多采用塑料材质以减轻无人机的重量，使无人机获得更长的续航时间。一体化的机身设计可使无人机具有更好的流线外观和气动性，对于无人机的飞行性能也有一定的提升作用。

2.4 下载App、激活无人机与升级固件

DJI Fly App

无论何种品牌、何种型号的无人机，使用前都需要激活，也都会遇到升级固件的问题。升级固件可以帮助无人机修复漏洞，提升飞行性能。由于国内大多数航拍无人机用户购买的都是大疆的产品，因此本节以大疆产品为例进行讲解。下面以 DJI RC-N1 这款遥控器为例，演示下载 DJI Fly App、激活无人机与升级固件的步骤。

DJI Fly App 是大疆开发的 App，是一款用来操控大疆无人机的飞行软件。

如果你使用的是不带屏幕的普通遥控器，如 DJI RC-N1，则需要在手机应用商店里搜索并下载 DJI Fly App，然后将手机和遥控器连接，让手机屏幕充当遥控器屏幕。如果你使用的是大疆带屏

遥控器，如 DJI RC 或 DJI RC PRO，则可以直接在遥控器上打开 DJI Fly App。

DJI RC-N1

DJI RC

DJI RC PRO

下载完成后，在手机上打开 DJI Fly App，进入登录界面，输入账号和密码进行登录。

DJI Fly App 登录界面

登录成功后的主界面如下图所示。点击界面右下角的“连接引导”按钮，可以查看各种型号的遥控器如何连接。

登录成功后的主界面

对于 DJI RC-N1 来说，首先要给无人机的电池和遥控器充电，然后将充满电的电池装入无人机中。

接下来取出遥控器的摇杆并安装。

取出遥控器的摇杆

安装摇杆

接着短按再长按遥控器和无人机上的电源按键，以开启遥控器和无人机。

开启遥控器

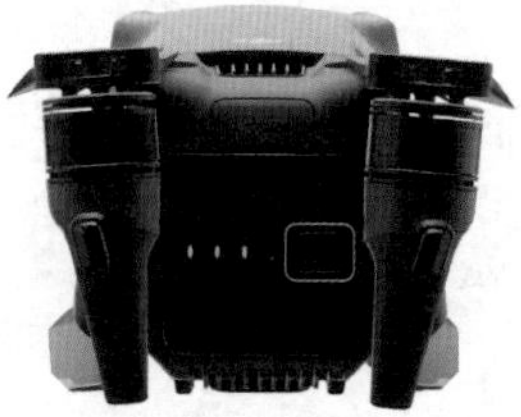

开启无人机

拔出遥控器转接线，将遥控器与手机连接。

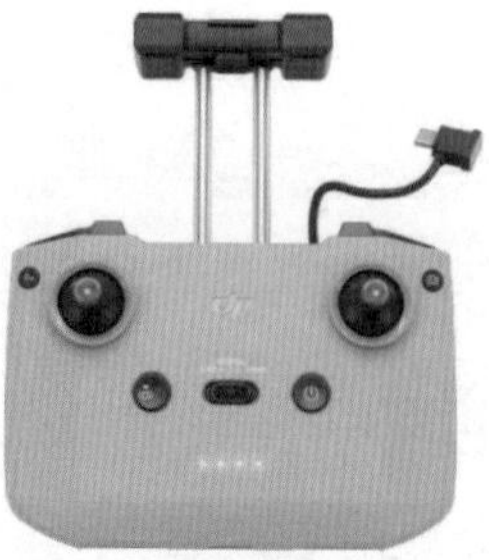

拔出遥控器转接线

将遥控器与手机连接

完成以上几步后，即可开始激活无人机和升级固件。

在手机上打开 DJI Fly App，根据屏幕上的指示完成激活操作（若是带屏遥控器，可以直接在遥控器上激活）。

点击“激活”按钮

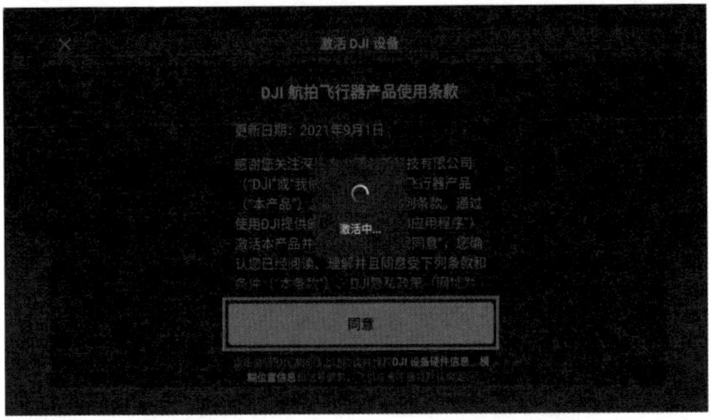

点击“同意”按钮

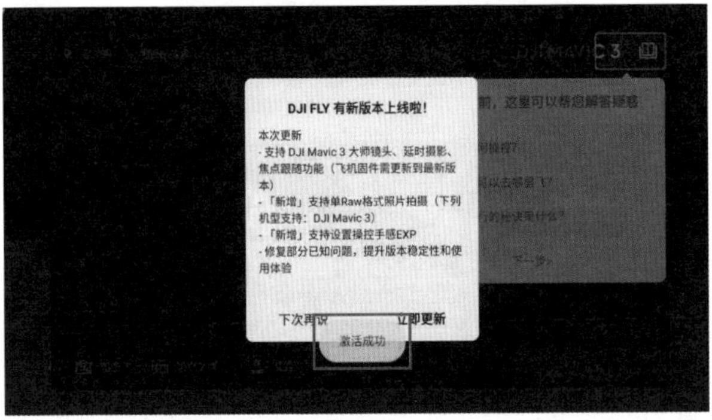

激活成功

当屏幕左上角出现固件升级提醒时，点击该提醒右侧的“更新”按钮，系统会开始自动更新。在升级过程中注意不要让设备断电或退出 App，否则可能导致无人机系统崩溃。尽量让遥控器和无人机的电量保持在 3 格以上，手机电量尽量保持在 50% 以上。

点击“更新”按钮

更新过程中点击“详情”按钮，可以查看更新进度。

点击“详情”按钮

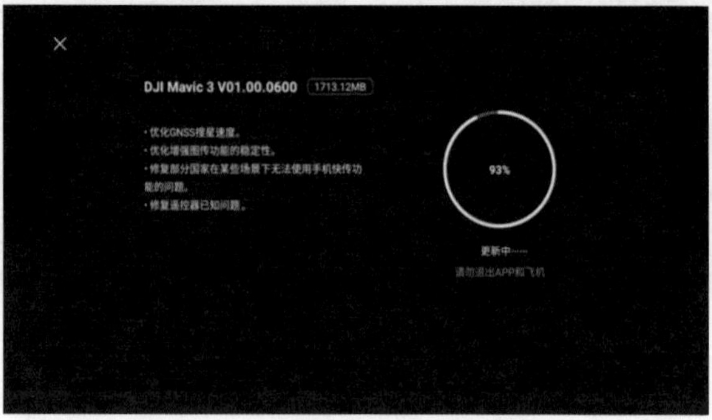

更新详情界面

固件更新成功后会有提示。

固件更新成功

完成无人机激活和固件升级后，就可以开始使用无人机了。

2.5 界面功能

在手机上打开 DJI Fly App，主界面如下图所示。

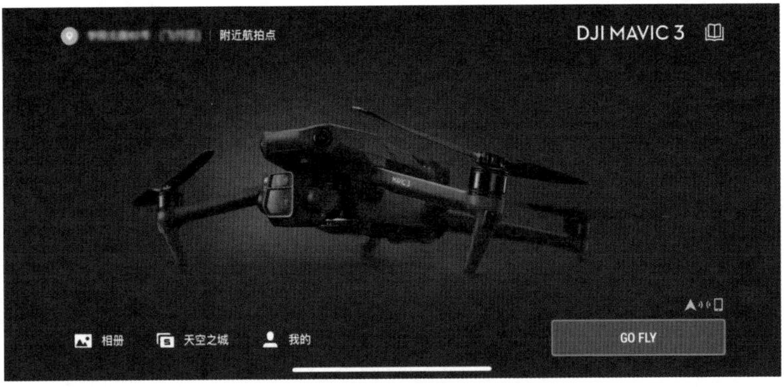

DJI Fly App 主界面

主界面左上角显示的是当前的位置信息及“附近航拍点”按钮。

点击“附近航拍点”按钮，界面中会显示你周边的推荐航拍点，这些航拍点都是其他航拍用户上传的。部分航拍点会以图册的方式呈现，用户点击后即可查看在此处能拍到怎样的风景。航拍点还会有反映飞行管制等现场情况的标签及评论，用户可以根据这些标签及评论综合评判这个航拍点的情况。你也可以将自己发现的新机位和飞行心得与他人分享。

主界面右上角是“大疆学堂”按钮。

点击“大疆学堂”按钮，选择你的无人机型号，系统会推荐相应的教程供你学习参考。

选择你的无人机型号

“大疆学堂”界面

主界面左下角的 3 个按钮分别是“相册”“天空之城”“我的”。

点击“相册”按钮，可以看到航拍的照片和视频。

点击“天空之城”按钮，可以登录天空之城社区，查看与航拍相关的内容。

“相册”界面

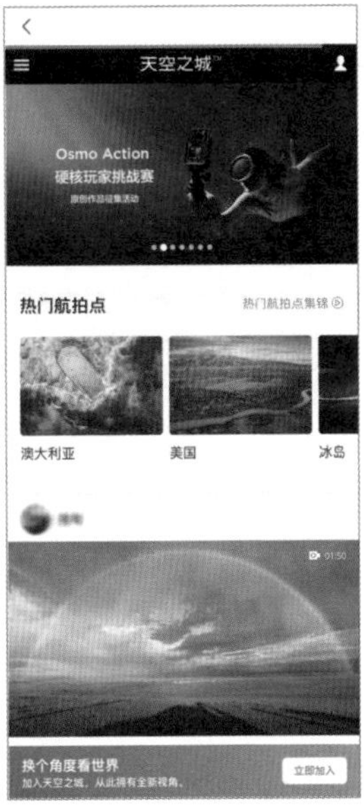

“天空之城”界面

点击“我的”按钮，可以登录自己的大疆账号，以记录飞行时长、飞行距离等信息。在“我的”界面中，可以看到右侧有“论坛”“商城”“找飞机”“服务与支持”“设置”选项，点击选项可相应查看论坛信息、进入大疆商城、寻找无人机信号源、咨询线上售后服务中心和设置参数。

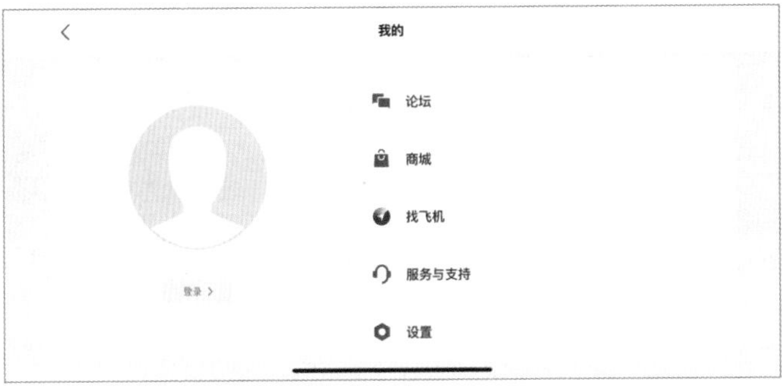

“我的”界面

点击主界面右下角的“GO FLY”按钮即可进入飞行界面。你购买的无人机和遥控器默认是对过频的（无人机和遥控器信号绑定称为对频），如果你需要更换操作设备，则需要先解除对频，再点击“连接指导”选项，选择 App 适配的无人机款式进行对频。然后开启遥控器，通过数据线连接手机和遥控器，并按照屏幕上的指示进行操作。

提示：DJI Fly App 可适配 DJI Mavic 3、DJI Avata、DJI Mini 3 Pro、DJI Air 2S、DJI FPV、DJI Mini 2、御 Mavic Air 2、御 Mavic Mini、DJI Mini SE 共计 9 款机型，其余机型需在官网找到对应的 App 进行下载并连接。

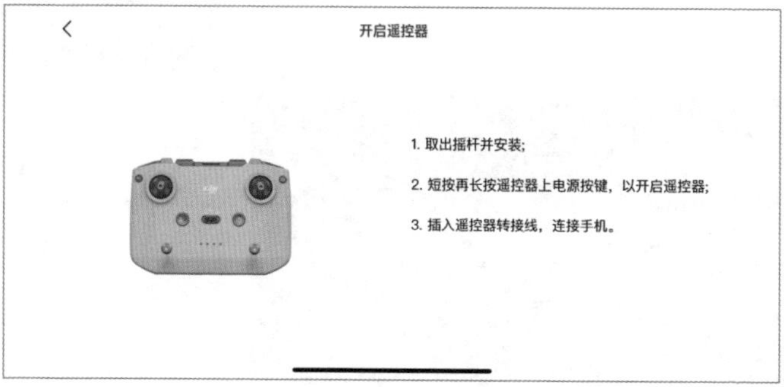

连接指导

连接成功后，打开 DJI Fly App，进入飞行界面。该界面是我们操控无人机最常用的界面。

飞行界面

（1）飞行挡位：显示无人机目前的飞行挡位信息。

（2）状态显示栏：显示无人机目前的状态及各种警示信息，如固件需要升级的提示会在此处显示，点击可查看；无人机在飞行过程中遇到大风时，此处会显示风大危险的提示信息，提示用户注意无人机的安全。

（3）从左至右分别显示的是电池剩余电量百分比、剩余可飞行时间（起飞后显示具体时长）、图传信号强度、视觉系统状态、GNSS 状态。

①电池剩余电量百分比显示目前无人机电池剩余的电量的百分比数值，用户在飞行无人机的时候需参考无人机与返航点的距离，合理安排电量。

②剩余可飞行时间（参考）是根据当前电量估计的剩余可飞行的时间。

③图传信号强度以柱状图的形式呈现，在我们操作无人机时，需保持图传信号良好，如果图传信号差或中断的话，遥控器上的影像也会卡顿和中断。

④视觉系统状态显示无人机六向避障的情况，如有障碍物临近无人机，会有对应位置的避障模块报警提醒。

⑤ GNSS 状态显示的是无人机搜集卫星的颗数，数量越多，无人机的定位越准确，数量越少则代表定位信号差，可能导致我们无法实时获取无人机的位置信息，从而无法确定起飞点和降落点。

（4）系统设置：包含安全菜单、操控菜单、拍摄菜单、图传菜单和关于菜单，后面将详细讲解相关内容。

（5）自动起飞 / 降落 / 返航：点击展开操作面板，可以选择让无人机自动起飞、降落或返航。

（6）地图：点击后可切换尺寸。

（7）飞行状态参数：“D -.- m”显示的是无人机与返航点的水平距离，“H ×.× m”显示的是无人机与返航点的垂直距离，左上方的“×.× m/s”显示的是无人机在水平方向上的飞行速度，上方的“×.× m/s”显示的是无人机在垂直方向上的飞行速度。

（8）左侧的“1×”表示 1 倍变焦，“MF”表示手动对焦；右侧从上至下分别是拍摄模式按键、拍摄按键、回放按键。拍摄模式中包含录像、拍照、大师镜头、一键短片、延时摄影、全景等功能，后面会进行详细讲解。点击拍摄按键可开始或结束拍摄。点击回放按键可查看已拍摄的视频及照片。

（9）相机挡位切换：拍照模式下，支持切换 Auto 和 Pro 挡，不同挡位下可设置不同的参数。

熟悉飞行界面以后，就可以开始进行系统设置了。系统设置几乎包含了所有需要调节的参数和功能。点击“系统设置”按钮，打开系统设置界面，可以看到安全、操控、拍摄、图传和关于 5 个菜单。

2.5.1 “安全”菜单

“安全”菜单中包含“辅助飞行”“显示雷达图”“虚拟护栏”“传感器状态”“电池信息”“补光灯”“前机臂灯”“飞行解禁”“找飞机”及“安全高级设置”等功能。

（1）在“辅助飞行”功能里，可以设置无人机在遇到障碍物时是绕行、刹停还是不做动作，这里建议选择“刹停”选项。

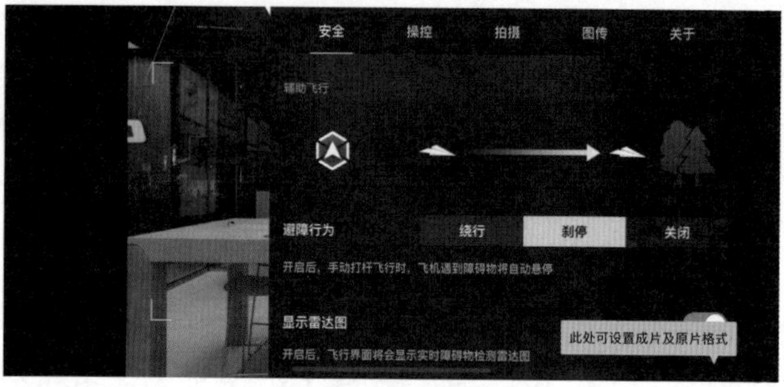

“辅助飞行”功能界面

（2）“显示雷达图”功能根据需要打开或关闭即可。如果你是无人机飞行的新手，建议打开该功能。

（3）“虚拟护栏”又称电子围栏，在其中可以设置无人机的“最大高度”“最远距离”和“返航高度”等。“最大高度”和“最远距离”可以根据自己的需求进行设置，设置好后无人机将无法突破这个范围飞行，避免在失控的情况下飞向很远的地方。“返航高度”需要根据当地的实际情况来设置，如在城市区域飞行时需要将返航高度设置为 80 ～ 120 米，避免无人机在返航过程中撞到障碍物。在飞行前建议查看一遍这些数据，避免之前设置的数据影响本次飞行。

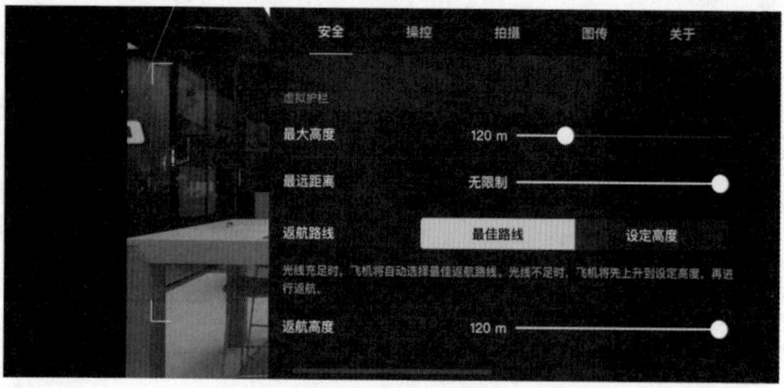

“虚拟护栏”功能界面

（4）“传感器状态”显示指南针和IMU的状态是否正常，如有问题，如指南针需校准，点击“校准”按钮，根据图像提示进行校准即可，成功后也会有提示。

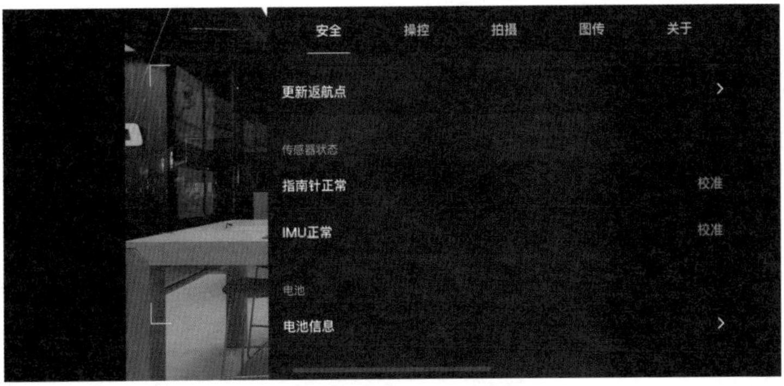

“传感器状态”功能界面

（5）使用“电池信息”功能可以查看当前电池的具体信息，包括电芯状态、电池电压、电池温度及电池循环次数等信息。

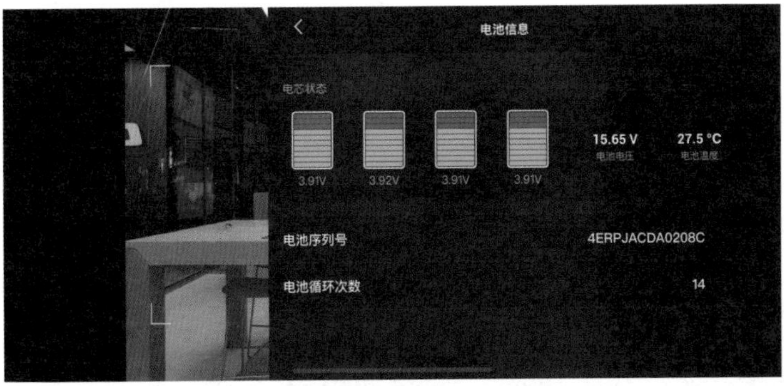

“电池信息”功能界面

（6）“补光灯”是安装在无人机机身底部的灯。这里建议选择“自动”选项，这样在环境较暗的情况下补光灯会自动打开，保障降落的安全。

（7）建议将“前机臂灯”功能调至“自动”选项。这样一来，在拍摄时前机臂灯将自动熄灭，保障拍摄效果；返航时前机臂灯将亮起，保证夜间飞行的安全。

（8）使用“飞行解禁”功能可以根据飞行需要提交解禁申请，具体根据现场情况按步骤操作即可。

（9）“找飞机”功能可以帮助我们在地图模式中寻找丢失信号的无人机。使用这个功能的前提条件是无人机的供电正常，如果无人机处于断电或没电的状态，则无法使用此功能。无人机信号丢失后，我们可以利用此功能并借助 GPS 寻找无人机。点击“启动闪灯鸣叫”后，无人机会发出闪光和蜂鸣声。如果在 GPS 信号较差的区域丢失无人机，我们可能无法找到无人机。

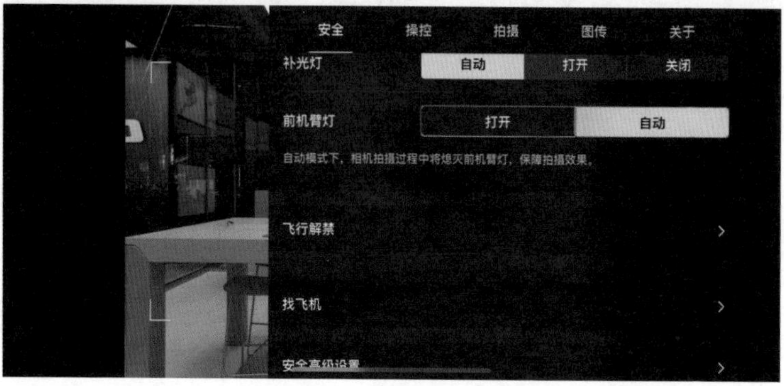

“补光灯”“前机臂灯”“飞行解禁”“找飞机”功能界面

（10）在“安全高级设置”功能里，可以设置“飞机失联行为”和“允许空中紧急停桨”。建议将“飞机失联行为”设置成“返航”模式，万一无人机在飞行过程中丢失了信号，还有很大可能自己返回起飞的位置。

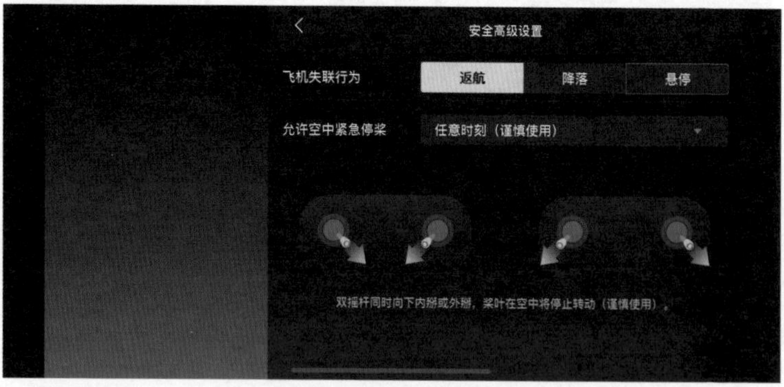

“安全高级设置”功能界面

2.5.2 “操控”菜单

“操控”菜单包括“飞机”“云台”和“遥控器”等功能。“飞机”功能中的“单位”默认选择“公制（m）”，“云台模式”可以选择“跟随模式”。

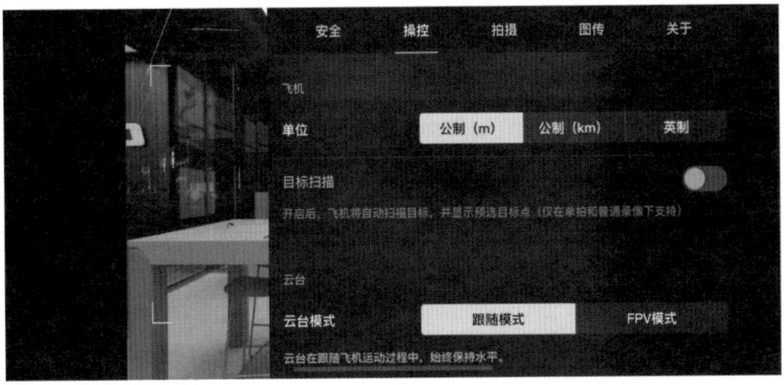

“飞机”功能界面

向下滑动操控界面，点击“云台校准”可以选择“自动校准”或“手动校准”。点击“云台高级设置”可以调整“俯仰速度”“俯仰平滑度”等，具体根据自己的操作习惯来调整即可。点击“摇杆模式”可以选择“日本手”“美国手”“中国手”“自定义”等模式。

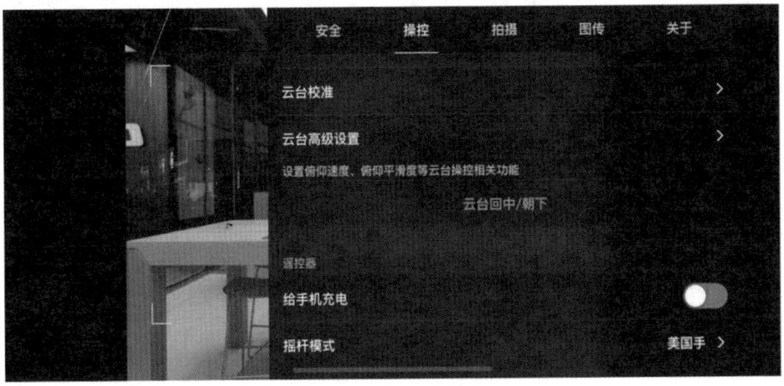

“云台校准”功能界面

“云台校准”功能界面

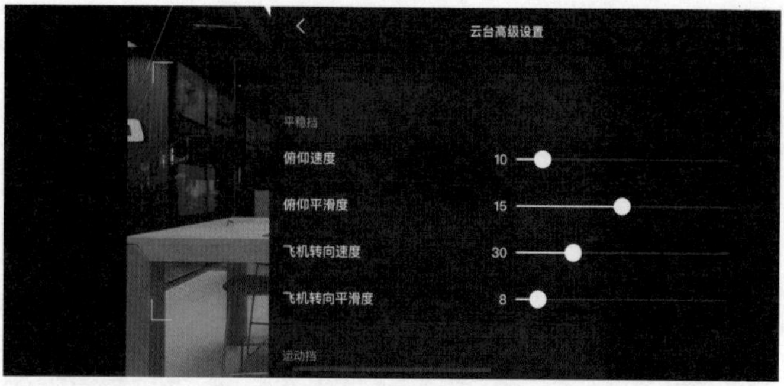

“云台高级设置”功能界面

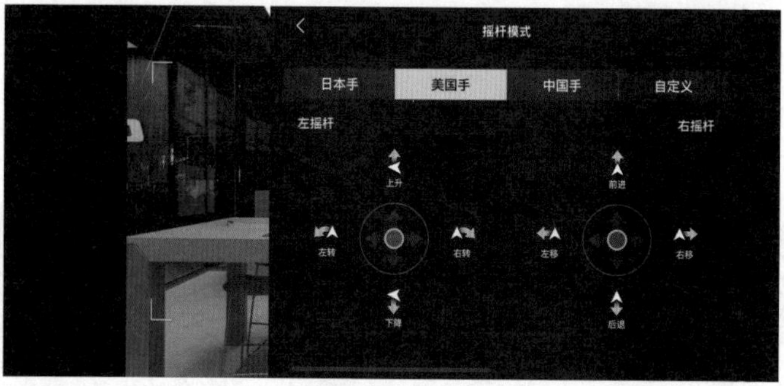

“摇杆模式”功能界面

继续向下滑动操控界面，可以设置“遥控器自定义按键”“遥控器校准”和“遥控器高级设置”等功能。其中，“遥控器校准”功能用于对遥控器进行校准，一般不会用到；而在“遥控器高级设置”中可以设置摇杆的曲线值，有一定飞行经验的“老手”可对其做适当调整。

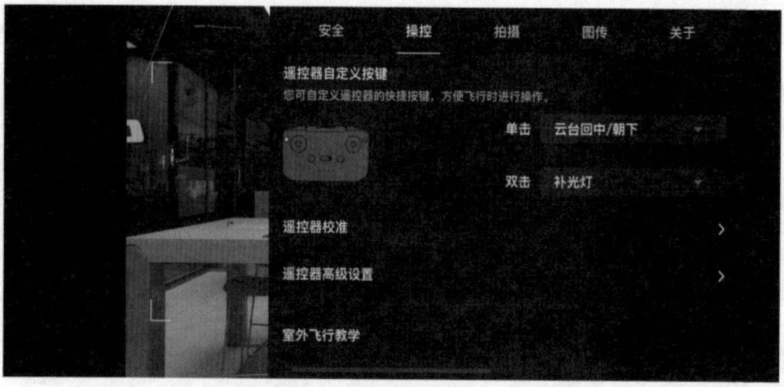

“遥控器自定义按键”“遥控器校准”“遥控器高级设置”功能界面

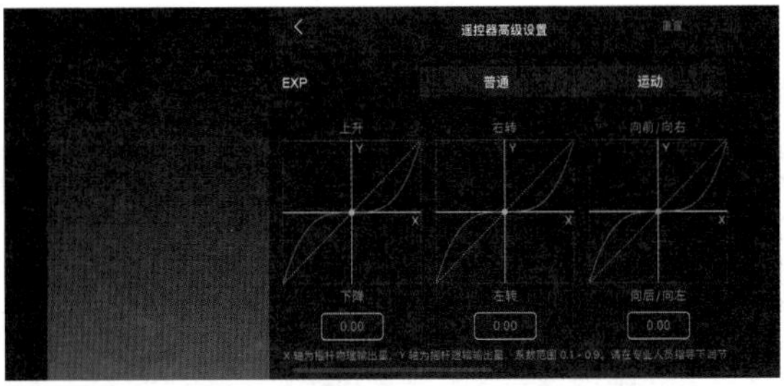

“遥控器高级设置”功能界面

2.5.3 “拍摄”菜单

“拍摄”菜单包括“拍照”“通用”等功能，用户在“拍摄”菜单中可对无人机的拍照和录像功能进行相关调整。

如果你是一名较为专业的摄影爱好者，建议在“拍照”功能界面中将“照片格式”设置为“JPEG+RAW”，方便后期修图。

“照片尺寸”功能根据需要自行选择“4 : 3”或者“16 : 9”即可。

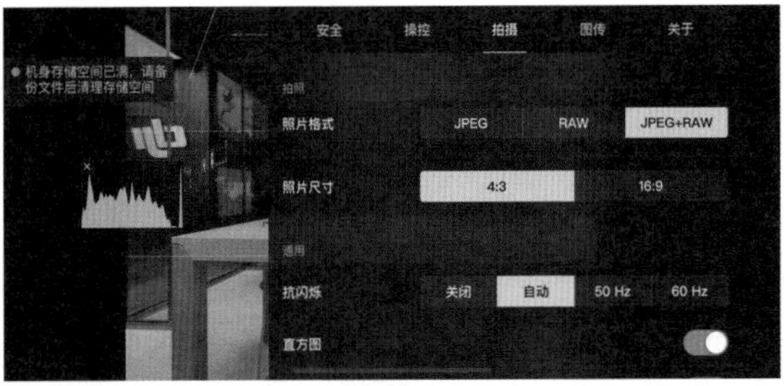

“拍照”功能界面

在“通用”功能界面中，“抗闪烁”功能主要是为了消除城市灯光对画面造成的影响，默认选择“自动”。

“直方图”功能可选择开启或关闭，建议选择开启，这样我们在拍摄时可看到画面的亮度信息。

“过曝提示”功能可对画面中存在的过曝情况进行提醒，我们可根据自己的需要选择打开或关闭。

“辅助线”功能里提供了 3 种不同样式的辅助线，使用辅助线对构图有很大帮助。

“白平衡”可以选择“自动”或“手动”，建议选择“自动”。

“峰值等级”用于在手机对焦模式下对对焦状态进行指示，开启手动对焦后可以将等级设定为“普通”或“高”。

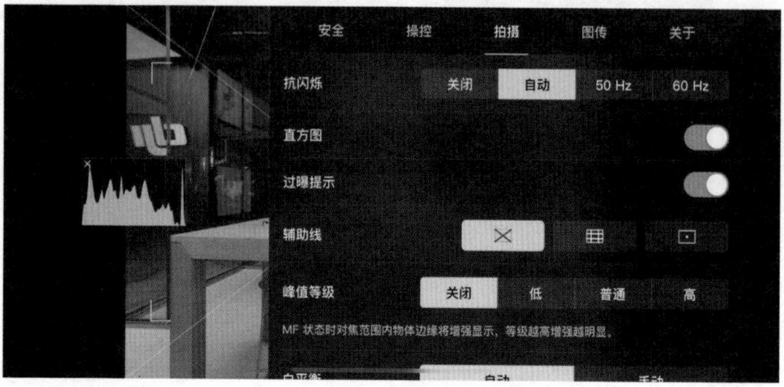

“通用”功能界面

2.5.4 “图传”菜单

在“图传”菜单中可以设置“图传频段”和“信道模式”等功能，一般来说这些功能不需要更改设置。“信道模式”默认设置为“自动”，这样遥控器会根据信号最优的方法自动选择信道，下面的直方图也会显示信道的信号强度。

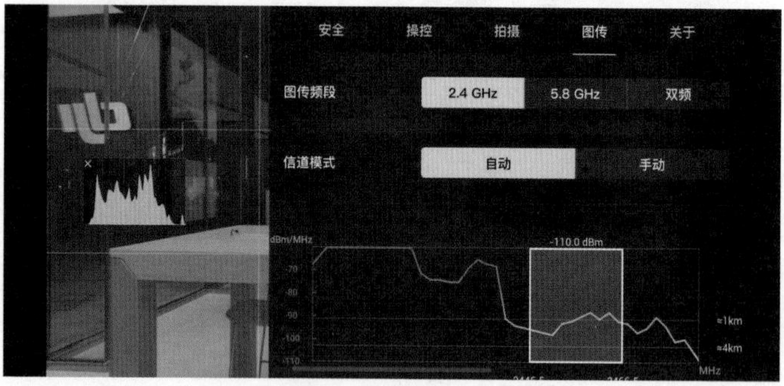

“图传频段”“信道模式”功能界面

2.5.5 “关于”菜单

在“关于”菜单中可以查看无人机的相关信息。“设备名称”可以更改，你可以编辑一个专属于自己的个性名称。“飞机固件”和“遥控器固件”可以根据系统的提示进行更新，如果有新的可升级版本，在进入 App 时会有弹窗提醒。其他信息仅可查看，不可更改。

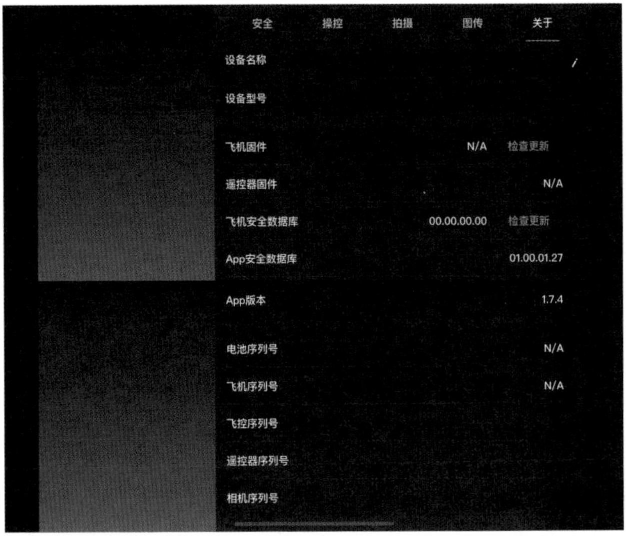

“关于”菜单界面

2.6 学会操作遥控器

航拍无人机的飞行动作和拍摄功能都是通过操控遥控器实现的。通过遥控器，我们可以操作无人机的起飞、降落、悬停、升高、降低、转向、前进、后退等动作，也可以控制无人机进行拍摄、查看地图、查看无人机信息等。

一般来说，无人机遥控器分为带屏遥控器和普通遥控器两种。

带屏遥控器

普通遥控器

在学习操控遥控器之前，我们先了解一下遥控器的外观，以及各个摇杆和按键的功能。

2.6.1 带屏遥控器

以 DJI RC PRO 遥控器为例，这款遥控器带有彩色高清显示屏，可适配 DJI Mavic 3。

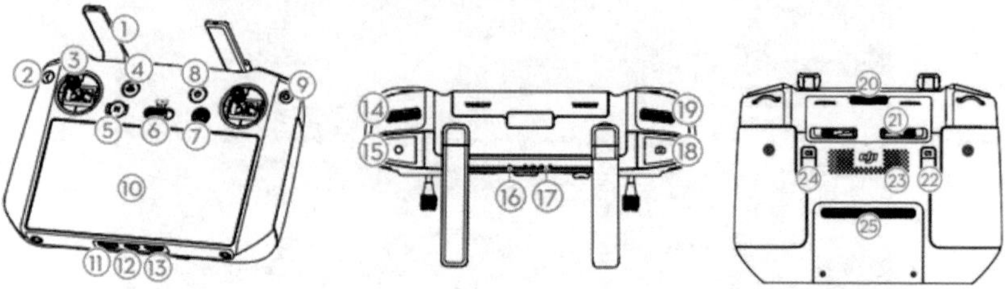

DJI RC PRO 遥控器注释图

① 天线：用于传输飞行器控制信号和图像无线信号，也就是数传信号和图传信号。图像无线信号可以通过 2.4GHz 和 5.8GHz 两个频段传输。

② 返回按键：按后可以返回上一级界面，连按两次后可以返回主界面。

③ 摇杆：采用可拆卸设计，用于操控无人机的飞行动作。在 DJI Fly App 中可设置摇杆控制方式。

④ 智能返航按键：长按 3 秒以上可以使无人机智能返航，再短按一次可以取消返航指令。

⑤ 急停按键：短按 1 秒可以使无人机急停并悬停，在无人机执行航线任务时，也可以按此按键暂停航线任务（GNSS 或视觉系统生效时可执行）。

⑥ 飞行挡位切换：用于遥控器上 C、N、S 这 3 个挡位的切换，3 个字母分别对应平稳、普通、运动 3 个模式。

⑦ 五维按键：主要作为功能快捷按键使用，我们可以在 App 内设置相应功能，操作路径为“相机界面”—“设置”—“操控”。

⑧ 电源按键：这个按键是遥控器的开关键，短按 1 秒后长按 3 秒可以开启遥控器，关机的方式相同，短按可以切换屏幕的亮屏和息屏状态。

⑨ 确认按键：对选择的功能进行确认，但进入 DJI Fly 飞行界面后，该按钮会失效。

⑩ 可触摸显示屏：可以触摸操作的显示屏，使用时注意防水，避免水滴溅到屏幕上。

⑪ 储存卡槽：可以插入 Micro SD 储存卡。

⑫ Type-C 接口：遥控器的充电接口。

⑬ Mini HDMI 接口：插上连接线后可输出 HDMI 信号至 HDMI 显示器。

⑭ 云台俯仰控制拨轮：负责控制云台俯仰角度。

⑮ 录像按键：按此按键可以开始或停止录像。

⑯ 状态显示灯：显示遥控器的系统状态。

⑰ 电量显示灯：显示遥控器当前的电量。

⑱ 对焦 / 拍照按键：半按可以进行自动对焦，全按可以拍摄照片。

⑲ 相机控制拨轮：控制相机变焦。

⑳ 出风口：负责给遥控器散热。

㉑ 摇杆收纳槽：负责收纳摇杆。

㉒ 自定义功能按键 C1：可以自行编辑快捷功能，默认为云台回中 / 朝下切换功能。

㉓ 扬声器：负责输出声音。

㉔ 自定义功能按键 C2：可以自行编辑快捷功能，默认为补光灯功能。

㉕ 入风口：负责给遥控器散热。

2.6.2 普通遥控器

DJI RC-N1 遥控器与带屏遥控器的功能相似，最主要的区别就是没有高清显示屏，需要额外连接移动设备充当屏幕。

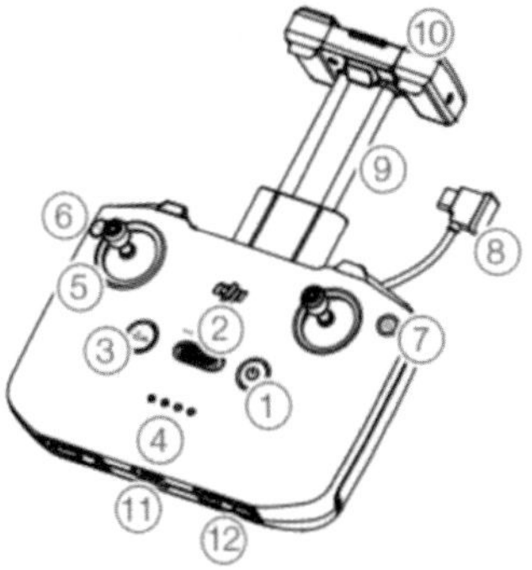

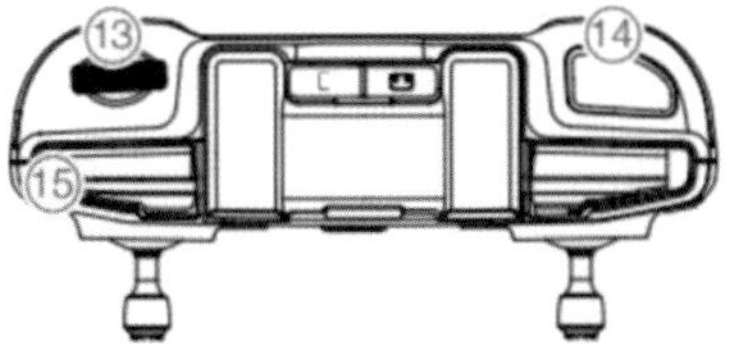

DJI RC-N1 遥控器注释图

① 电源按键：遥控器的开关键，短按 1 秒后长按 3 秒可以开启遥控器，关机的方式相同，短按可以切换屏幕的亮屏和息屏状态。

② 飞行挡位切换开关：用于遥控器上 C、N、S 这 3 个挡位的切换，3 个字母分别对应平稳、普通、运动 3 个模式。

③ 急停按键：短按 1 秒可以使无人机急停并悬停，在无人机执行航线任务

时，也可以按此按键暂停航线任务（GNSS 或视觉系统生效时可执行）。

④ 电量显示灯：用于显示遥控器当前的电量。

⑤ 摇杆：采用可拆卸设计，负责操控无人机的飞行动作。在 DJI Fly App 中可以设置摇杆控制方式。

⑥ 自定义按键：可以通过 DJI Fly App 设置该按键的功能，默认为按一次控制补光灯，按两次使云台回中或朝下。

⑦ 拍照 / 录像切换按键：短按一次切换拍照或录像模式。

⑧ 遥控器转接线：用于连接移动设备与遥控器，以实现图像和数据的传输。转接线接口可根据移动设备接口类型更换。

⑨ 移动设备支架：用于放置移动设备。

⑩ 天线：用于传输飞行器控制信号和图像无线信号。

⑪ Type-C 接口：用于遥控器的充电和调参。

⑫ 摇杆收纳槽：用于放置摇杆。

⑬ 云台俯仰控制拨轮：主要用于调整云台俯仰角度，按住自定义按键并转动云台俯仰控制拨轮可以在探索模式下调节变焦。

⑭ 拍摄按键：短按可拍照或录像。

⑮ 移动设备凹槽：用于固定移动设备。

2.6.3 摇杆控制方式

遥控器的摇杆很重要，其负责控制无人机的起飞和降落，以及无人机在空中的动作。无人机的起飞、降落、前进、后退、向左移动、向右移动和旋转等动作，都是通过控制遥控器的摇杆来实现的。

常用的几种摇杆模式有“美国手”“日本手”“中国手”和“自定义”，这 4 种模式的区别在于左右摇杆的功能定义不同。其中，“美国手”是目前使用人数最多的摇杆模式。

以“美国手”为例，上下拨动左摇杆可以控制无人机上升和下降；左右拨动左摇杆可以控制无人机机头左转和右转，也就是航向角的左转和右转；上下拨动右摇杆可以控制无人机前进和后退；左右拨动右摇杆可以控制无人机左移和右移。

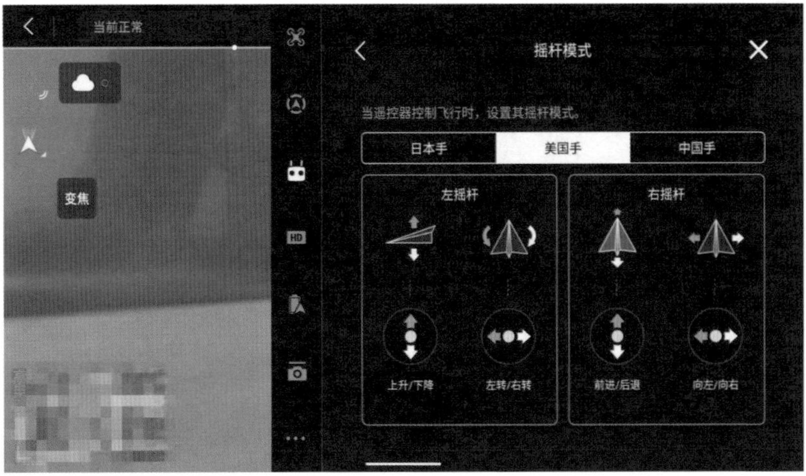

“美国手”的操作方法

“日本手”和“中国手”的操作方法如下图所示。

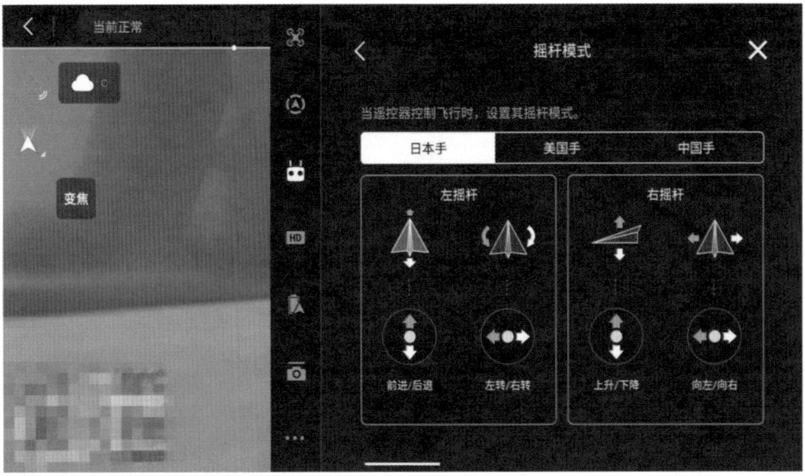

“日本手”的操作方法

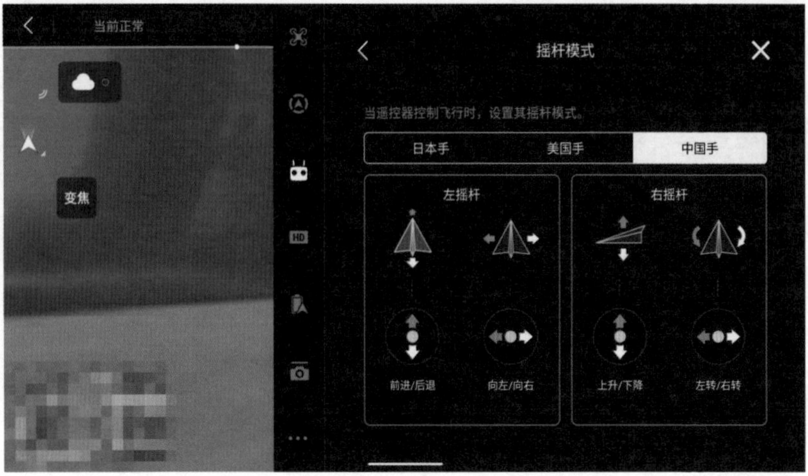

“中国手”的操作方法

不难看出，在操控无人机的时候，大多数飞行动作都需要通过同时操作左右摇杆来实现。也就是说，你需要同时用左手和右手一起操作，只有多加练习才能熟能生巧。所以控制摇杆也是一项技术活，哪怕在操控摇杆的过程中只是稍微用力过度，飞行动作的精确度也会下降。

第3章

无人机摄影的基础知识与参数设置

使用无人机航拍时，不同的光线环境下需要设置不同的拍摄参数及拍摄模式。本章以 DJI Fly App 为例，演示如何通过设置拍摄参数及拍摄模式来拍出专业的照片。

3.1 快门速度

快门速度是指相机的曝光时间长短。快门速度的单位是秒，快门速度一般可以设置为 30 秒、15 秒、1 秒、1/2 秒、1/4 秒、1/8 秒、1/15 秒、1/30 秒、1/100 秒、1/250 秒、1/500 秒、1/1000 秒等。数值越小，快门速度越快，曝光量就越小；数值越大，快门速度越慢，曝光量就越大。

一般来说，拍摄快速移动的物体时，需要将快门速度设置得快一些（小于 1/250 秒），这样拍摄得更清楚，避免画面中出现重影和细节模糊的情况。拍摄固定的物体时，则可以将快门速度设置得稍慢一些，但也不能过慢。安全快门速度为 1/100 秒，否则无人机在悬停状态下的轻微抖动也可能影响画面的清晰度。

快门速度对画面清晰度的影响

利用高速快门可以捕捉运动主体瞬间的静态画面，如绽放的烟花、飞行的鸟类、激荡的瀑布、飞驰的车流等。下图是一张利用高速快门拍摄的立交桥照片，快门速度是1/200秒，桥上的汽车轮廓清晰，没有拖影。

利用高速快门拍摄的立交桥，桥上的汽车轮廓清晰

而利用慢速快门可以拍摄出流光溢彩的拖影效果，也就是俗称的“慢门”效果。此方法特别适用于拍摄立交桥上的车流。在夜晚，将快门速度设置为低于1秒，在固定机位进行稳定拍摄，即可拍出有“连续”美感的光轨照片。

利用慢速快门拍摄的立交桥，汽车尾灯变成了光轨

对比以上两张照片，我们可以清楚地看到设置不同的快门速度对画面的影响。在拍摄不同场景时，只有设置合适的快门速度，才可以将一幅普通的画面拍得生动好看，展现其美感。

在 DJI Fly App 的飞行界面中，我们可以看到右下角有一个“AUTO”图标，这代表目前的拍摄模式是自动模式。

自动模式

点击“AUTO”图标，可以将拍摄模式切换为手动模式，此时界面右下角的“AUTO”图标会变为“PRO”图标。在手动模式下，我们可以修改快门速度、光圈、感光度等参数。

手动模式

向左右两端转动拨轮改变快门，即可调整快门速度。拍摄日落等高反差的场景时，建议使用手动模式，根据想要的画面氛围调整快门速度和光圈，以创作出不同风格的影像作品。

手动模式下，转动拨轮，调整快门速度

3.2 光圈

光圈是用来控制光线透过镜头进入机身内的量的装置。光圈的大小用 F（或 f/）值来表示，无人机镜头的最大光圈一般有 f/2.8、f/4.0、f/5.6 等。f/ 值越小，光圈就越大；f/ 值越大，光圈就越小。

光圈的大小决定了进光量。光圈越大，进光量就越大，拍摄到的画面也就越明亮，因此大光圈常用于拍摄弱光环境；光圈越小，进光量就越小，拍摄到的画面也就越暗淡，因此小光圈常用于拍摄光线充足的环境。

光圈除了能控制进光量，还能控制画面的景深。景深是指在照片中的对焦点前后能够看到清晰的对象的范围。景深以深浅来衡量。光圈越大，景深越浅，清晰的范围越小，因此大光圈常用于拍摄背景虚化的效果；光圈越小，景深越深，清晰的范围越大，因此小光圈常用于拍摄自然风光和城市建筑，能够将远处的细节更加清晰地呈现。

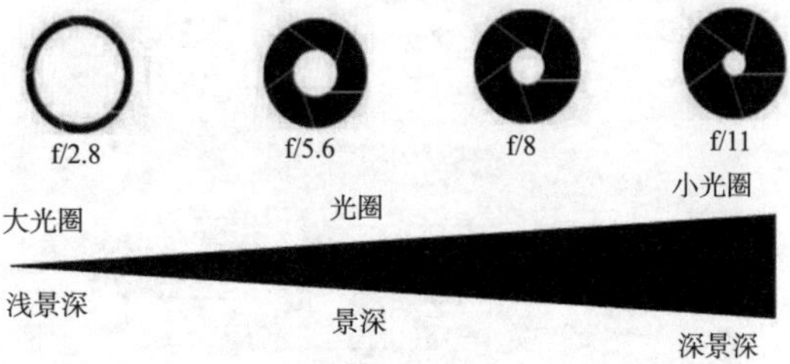

光圈示意图

在手动模式下调节光圈，同时观察无人机的镜头，可以看到镜头内的机械结构会随之发生变化。

f/2.8

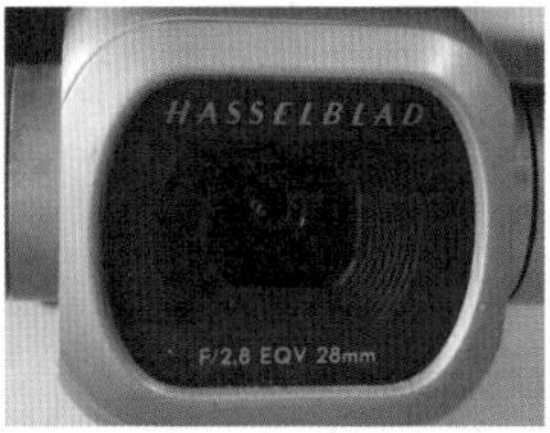

f/4.0

f/8.0

f/11

在 DJI Fly App 的飞行界面中，在手动模式下，手指点住光圈值左右滑动即可调整光圈的大小。

在手动模式下，手指点住光圈值左右滑动即可调整光圈的大小

3.3 感光度

感光度是拍摄中最重要的参数之一，用于衡量感光元件对光线的敏感度。

感光度越高，就表示感光元件对光线的敏感度越高，就越容易获得较高的曝光值，拍摄到的画面就越明亮，但是噪点也越明显，画质越粗糙。反之，感光度越低，画面越暗，噪点越少，画质越细腻。换句话说，在其他条件保持不变的情况下，调节感光度可以改变照片的亮度和画质。因此，感光度也成了间接控制照片的亮度和画质的参数。

无人机的感光度一般为 100 ～ 6400。在自动模式下，感光度会根据光线的强弱进行自动调节，以免画面出现过曝或过暗的情况。在手动模式下，感光度要配合快门速度和光圈进行手动调节，从而控制画面的明暗程度。

在 DJI Fly App 的飞行界面中，在手动模式下，向左右两端滑动 ISO 滑块即可调整感光度的大小。

在手动模式下，向左右两端滑动 ISO 滑块即可调整感光度的大小

3.4 白平衡

白平衡是描述显示器中红、绿、蓝三基色混合生成的白色精确度的一项指标，我们可以通过它解决色彩还原和色调处理的一系列问题。

白平衡的基本作用是在任何光源下，都能将白色物体还原为白色，也可以说是通过增加对应的补色来消除在特定光源下拍摄时出现的偏色现象。相机的白平衡设置可用于消除画面色温的偏差，在拍摄时我们可以大胆地调整白平衡，以达到想要的画面效果。

进行白平衡设置是确保获得理想画面色彩的重要一步。所谓的白平衡是通过对白色被摄物的色彩进行还原（产生纯白的色彩效果），进而准确还原其他物体色彩的一种数字图像色彩处理的计算方法。一般无人机相机的白平衡参数为 2000K ～ 10000K。白平衡的参数数值越小，色调越冷，拍摄到的画面越趋向于蓝色；数值越大，色调越暖，拍摄到的画面越趋向于黄色。

无人机白平衡参数的设置方法如下。

在 DJI Fly App 的飞行界面中，点击右上角的“···”按钮，进入系统设置界面。

点击右上角的“···”按钮

在系统设置界面中选择“拍摄”，可以看到白平衡有手动模式和自动模式 2 个选项。一般情况下，无人机中的白平衡设置为自动模式。如果在航拍中遇到画面发绿、发黄或发蓝的情况，大概率是因为白平衡设置不当。如果想手动设置白平衡，以实现想要的画面效果，则需要选择手动模式，然后向左右两端滑动白平衡滑块即可调整白平衡参数。

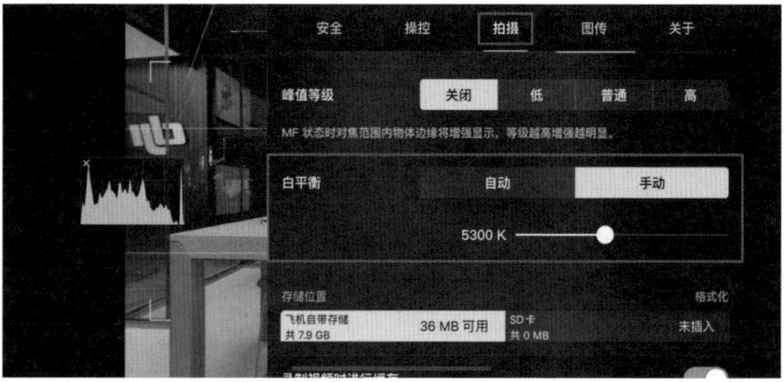

在手动模式下调整白平衡参数

向左滑动白平衡滑块，可以看到白平衡参数在变小，画面也趋于冷色调。

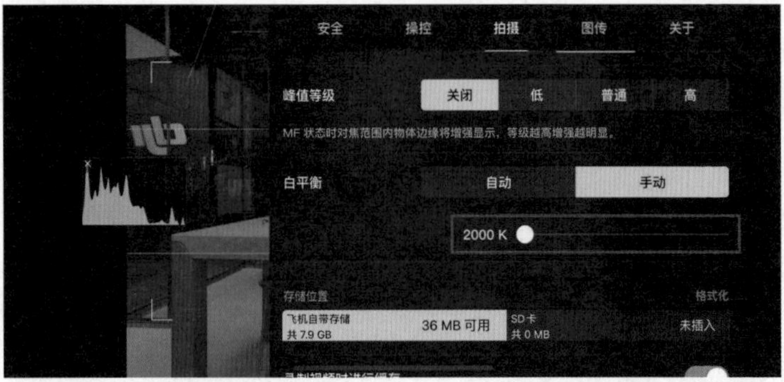

向左滑动白平衡滑块，将白平衡参数调整为 2000K

画面变为冷色调

向右滑动白平衡滑块，可以看到白平衡参数在变大，画面也趋于暖色调。

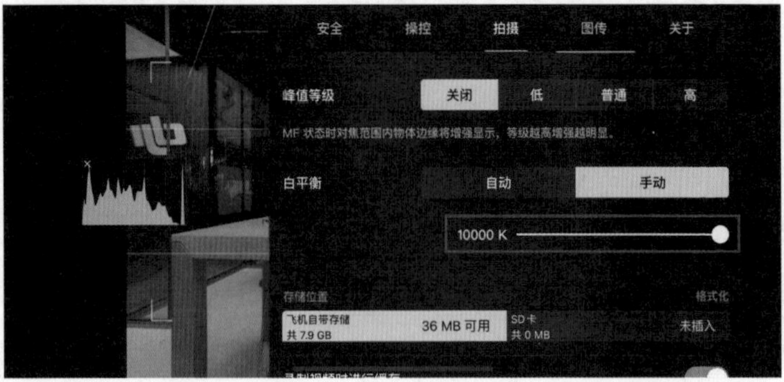

向右滑动白平衡滑块，将白平衡参数调整为 10000K

画面变为暖色调

3.5 辅助功能

在航拍时，我们经常会用到 3 种辅助功能，分别是直方图、过曝提示和辅助线，它们能帮助我们更好地调整取景角度和画面曝光，以达到改善画面构图和提升画质的目的。

3.5.1 直方图

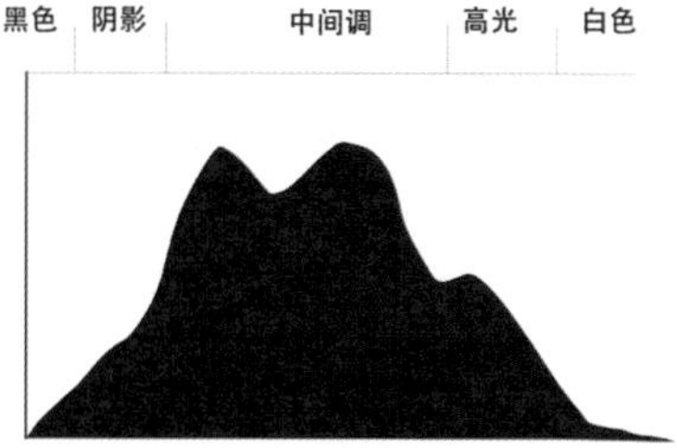

直方图

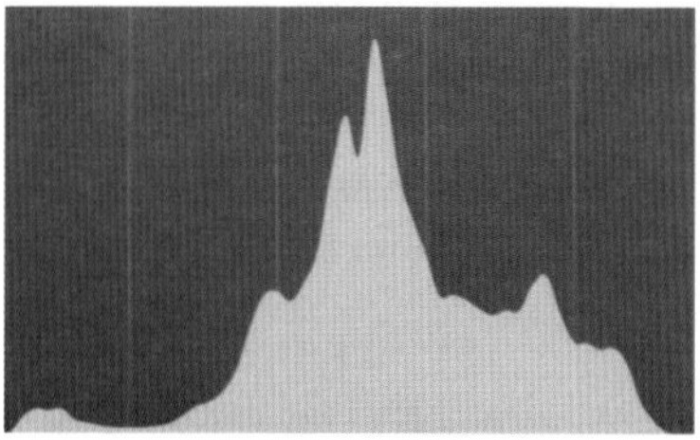

曝光正常

直方图显示了画面中不同亮度的像素的分布情况。横轴代表亮度，纵轴代表像素数量。

直方图左侧代表暗部，右侧代表亮部，中间代表中间调。通过观察直方图我们可以快速判断画面的曝光是否正常。一般来说，当直方图的中间位置形成一个山峰形状时，则表示画面曝光正常。

如果山峰形状出现在右侧区域，则表示画面曝光过度。在这种情况下，我们可以尝试使用更快的快门速度、更小的光圈、更低的感光度来减少画面的曝光。

如果山峰形状出现在左侧区域，则表示画面曝光不足，整体较暗，这时我们可以尝试使用更慢的快门速度、更大的光圈、更高的感光度来增加画面的曝光。

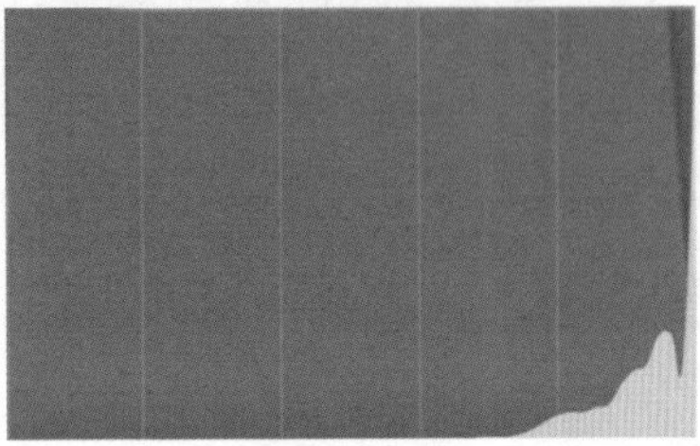

曝光过度

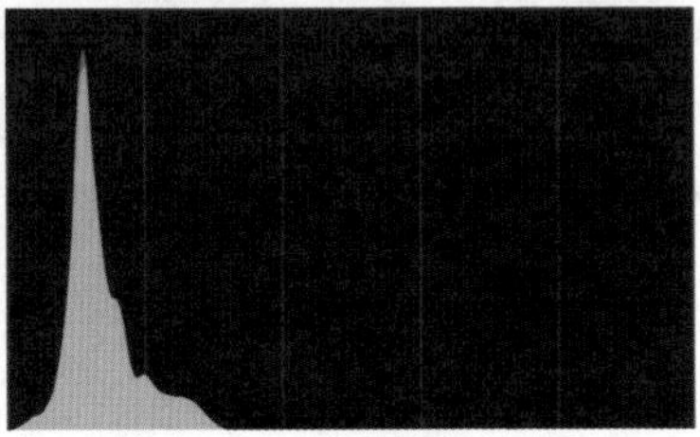

曝光不足

在 DJI Fly App 的系统设置界面中选择“拍摄”，开启直方图功能，拍摄界面左侧就会出现直方图。

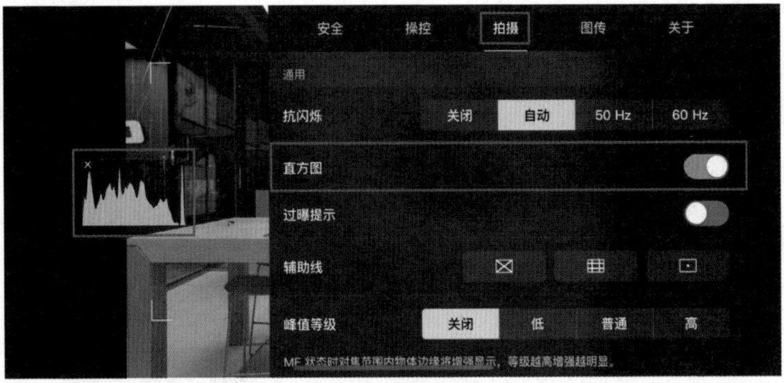

开启直方图功能

3.5.2 过曝提示

过曝提示是针对画面曝光量超过临界值而进行的提示。当画面曝光过度时，拍摄出来的画面就会发白，细节纹理不够清晰，后期的操作空间也比较小。过曝提示能够及时提醒我们查看过曝的细节，从而及时调节相关参数。

在 DJI Fly App 的系统设置界面中选择“拍摄”，开启过曝提示功能，即可在画面过曝时收到相应的提醒。

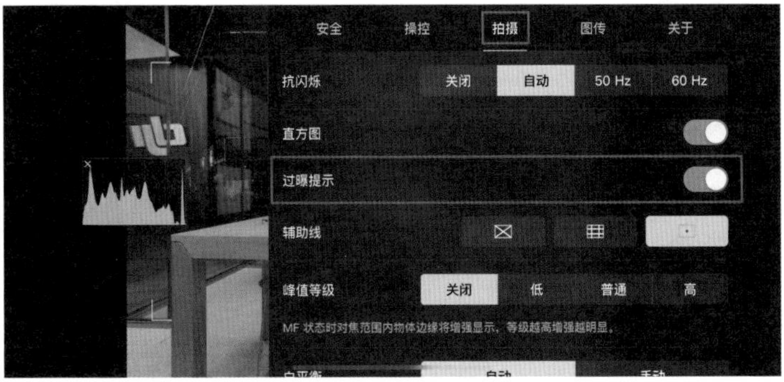

开启过曝提示功能

在下图中可以看到，画面中出现了斑马线条纹，这表示该区域在整个画面中处于过曝的状态，直方图中的波形也可以验证这一点。

过曝提示

无论是拍照还是录像，我们都可以根据画面的过曝程度调节相应参数，使画面的曝光量处于正常水平。

3.5.3 辅助线

DJI Fly App 提供了 3 种辅助线来帮助我们更好地构图、取景，它们分别是 X 形辅助线、九宫格辅助线和十字靶心辅助线。

在 DJI Fly App 的系统设置界面中选择“拍摄”，可以看到上述 3 个辅助线选项，我们可以根据自己的使用习惯进行选择。有拍摄经验的“老手”也可以不开启辅助线功能。

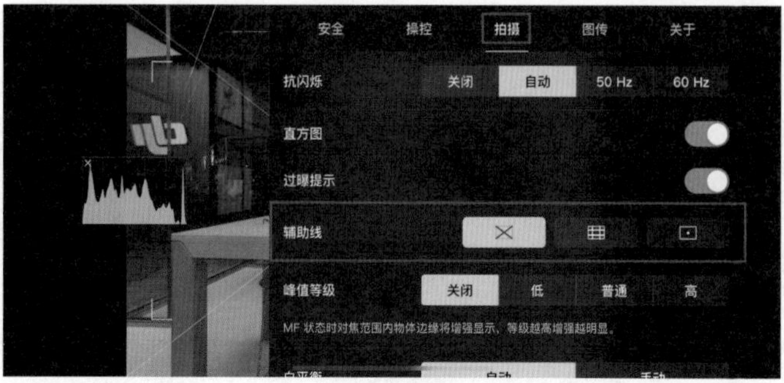

辅助线功能

X 形辅助线即画面中的两条对角线。两条对角线的交点就是画面的中心点。

X 形辅助线

九宫格辅助线是根据“三分法”的原理设立的，即分别用两条横线、两条竖线将画面横向、纵向三等分。取景时可以把主体放在任意横线、竖线的交叉点上。

九宫格辅助线

十字靶心辅助线是在画面的中心位置标注十字线，适合用于拍摄主体位于中心的画面。

十字靶心辅助线

可以同时使用多种辅助线。

同时使用多种辅助线

3.6 设置照片和视频的参数

使用无人机拍摄照片或视频之前，设置好照片和视频的参数很重要。不同的照片和视频的参数适用的场景不同。下面介绍用无人机拍摄照片和视频的参数设置方法。

3.6.1 设置照片的参数

在 DJI Fly App 的系统设置界面中选择“拍摄”，可以看到照片格式有“JPEG”“RAW”“JPEG+RAW”3 种。JPEG 格式是常见的照片格式，优点是占用存储空间小、兼容性强，方便查看和预览；缺点是会压缩画质，无法实现最大限度的还原。RAW 格式是无损画质格式，优点是画质优秀，后期空间大；缺点是占用存储空间大，兼容性差，不方便预览。“JPEG+RAW”格式的照片很好地满足了画质存储和预览的需求。我们可以根据需要设置对应照片的格式。

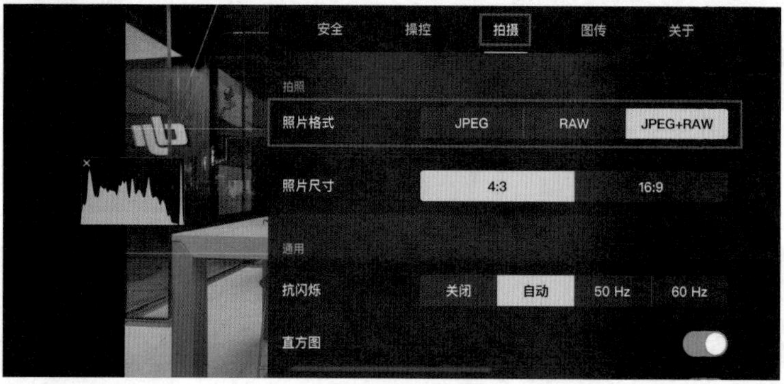

设置照片格式

照片尺寸有“4 : 3”和“16 : 9”两种，我们可以根据需要进行设置。

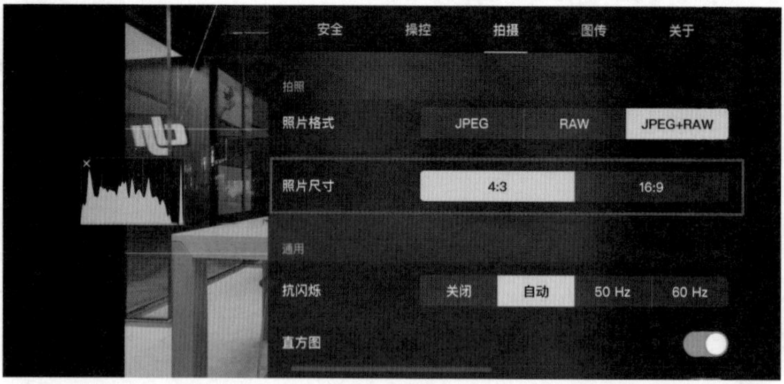

设置照片尺寸

4 : 3 的照片

16 : 9 的照片

3.6.2 设置视频的参数

在用无人机拍摄视频之前，我们要设置色彩、编码格式、视频格式和视频码率。

在 DJI Fly App 的系统设置界面中选择“拍摄”，可以看到“普通”“D-Log”“HLG”3 个色彩选项。它们之间最主要的区别在于宽容度的大小，HLG 模式的宽容度最大，D-Log 模式次之，普通模式的宽容度最小。HLG 模式就是我们俗称的“灰度拍摄”模式，在该模式下拍摄的视频饱和度和对比度低，宽容度高。虽然该模式是最适合后期调整的色彩模式，但是在该模式下拍摄出来的画面灰蒙蒙的，因此不建议新手使用。在普通模式下拍摄的视频对比度高，色彩还原真实，后期稍做改动即可直接使用，甚至可以原片直出，因此该模式很适合新手使用。D-Log 模式属于折中模式，在该模式下拍摄的视频的暗部细节比在普通模式下拍摄的更好，亮部的层次感也更强，色彩比在 HLG 模式下拍出的更加艳丽。

无人机的编码格式有两种，分别是“H.264”和“H.265”。H.265 是 H.264 的升级版，涉及的信息更具指向性，这里不做过多解读。在选择编码格式的时候推荐选择 H.265。

视频格式包含“MP4”和“MOV”两个选项。MP4 格式的兼容性更强，适用于多种载体播放；MOV 格式更适合苹果用户使用，我们可以根据自身需求进行选择。

视频码率可以选择“CBR”或“VBR”。“CBR”属于静态码率，“VBR”属于动态码率。整体来说，VBR 更适合我们使用。

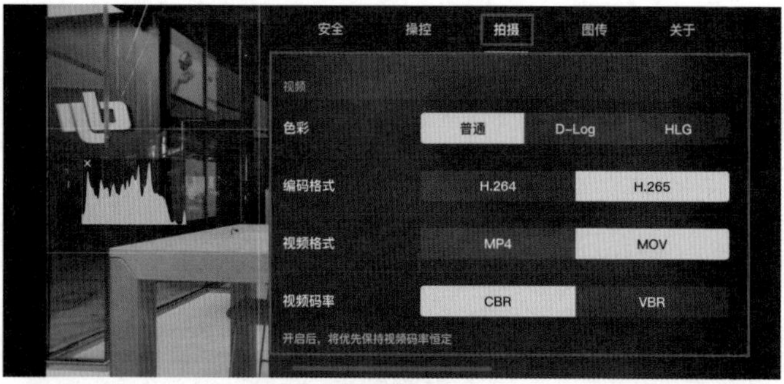

设置视频的参数

第4章

无人机摄影与摄像功能

本章将从摄影与摄像两个角度，讲解无人机拍摄功能的设定与拍摄技巧。

4.1 拍照模式的选择

随着无人机自动化性能的提升和消费群体需求导向的转变，许多无人机公司在研发航拍无人机的时候会设定一些常规的飞行动作和全新的拍摄模式，以达到原本只能通过复杂的手动操作才能实现的画面效果。使用无人机拍照时，除常用的单拍模式外，还有探索模式、ABE 连拍模式、连拍模式等。下面详细介绍大疆无人机的几种拍照模式。

在 DJI Fly App 的飞行界面中，点击“胶片”图标（拍摄模式按键），选择“拍照”，即可切换 5 种不同的拍照模式，分别是单拍模式、探索模式、AEB 连拍模式、连拍模式和定时模式。

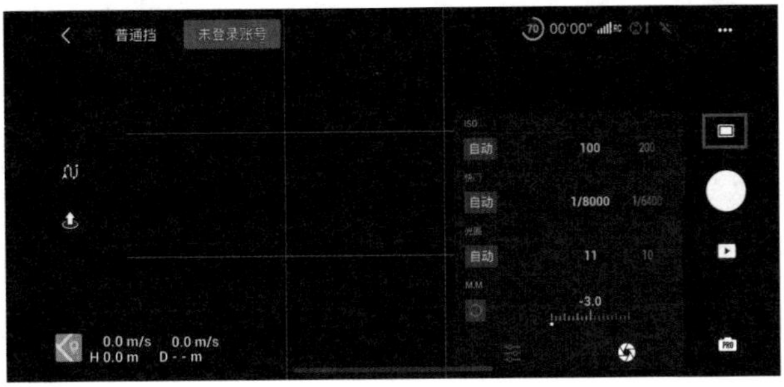

点击“胶片”图标

选择“拍照”，即可切换不同的拍照模式

4.1.1 单拍模式

单拍模式很容易理解，调整好构图及相机的参数之后，点击拍摄按键，相机就会拍摄一张照片。

4.1.2 探索模式

探索模式最大可支持镜头 28 倍变焦。以前的无人机大多数配备的是定焦镜头，即焦距是不可变的。而如今变焦镜头的引入拓宽了航拍爱好者们的航拍思路，使他们创作出了很多更具艺术性的作品。

探索模式

4.1.3　AEB 连拍模式

AEB 连拍模式又称包围曝光模式，适用于拍摄光线复杂的场景，如音乐节、城市灯光秀等。

在 AEB 连拍模式下，按下拍摄按键后无人机会自动拍摄 3 张不同曝光量（曝光不足、正常曝光、曝光过度）的照片，这 3 张照片分别完整地保存了被摄物体的亮部、中间调部分及暗部的画面细节。系统会从这 3 张照片中挑选多个曝光合适的部分进行合成，最终合成一张明暗适中的照片。

AEB 连拍模式

4.1.4　连拍模式

使用连拍模式可以选择连拍照片的数量，如 1 张、3 张、5 张、7 张等。连拍模式适合在风速较大时或夜间拍摄时使用，能有效提高出片率。

连拍模式

4.1.5 定时模式

使用定时模式可以设定无人机的拍摄倒计时，一般可设置为 5 秒、7 秒、10 秒等。

定时模式

4.2 录像模式的选择

在 DJI Fly App 的飞行界面中，点击“胶片”图标（拍摄模式按键），选择“录像”，即可切换 3 种不同的录像模式，分别是普通模式、探索模式和慢动作模式。

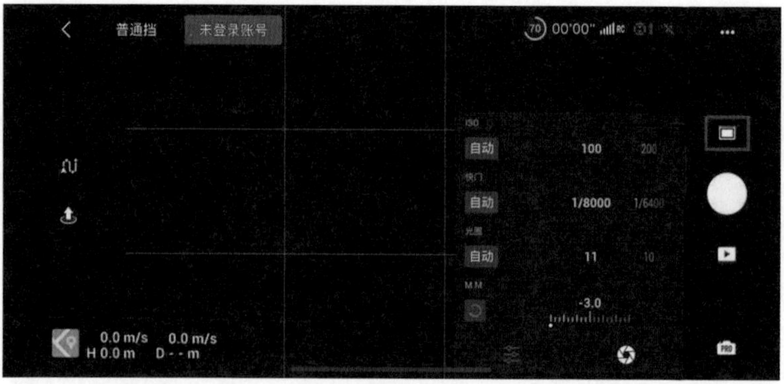

点击“胶片”图标

选择“录像”，即可切换不同的录像模式

4.3 大师镜头

我们可以使用大师镜头功能完成拍摄任务。开启大师镜头功能后，系统会提醒你框选需要拍摄的目标，一般是某个人物或某个固定物体。框选目标后，系统会提示你“预计拍摄时长 2 分钟”，无人机会根据机内预设自动飞行，执行包括渐远、远景环绕、抬头前飞、近景环绕、中景环绕、冲天、扣拍前飞、扣拍旋转、平拍下降、扣拍下降 10 个飞行动作，最后自动返航至起点。

大师镜头

使用大师镜头功能进行拍摄时要选择开阔、空旷的场地，避免无人机在自动飞行过程中碰到障碍物。

4.4 一键短片

一键短片功能和大师镜头功能一样，都是大疆无人机进行算法升级后的产物。开启一键短片功能后，无人机会根据系统预设的飞行轨迹自动飞行并拍摄素材，然后将素材剪辑成片。该功能十分适合不会剪辑的新手使用。

一键短片功能虽然与大师镜头功能有所重叠，但是存在一定的区别。大师镜头功能是按照系统预设对所拍摄的素材进行自动拼接整合。而一键短片功能则是把各个飞行动作拆分成多个小动作，包括渐远、冲天、环绕和螺旋 4 种模式，每个小动作都会有短则几秒、长则几十秒的持续时间，而且无人机飞行一次只做一个小动作。我们可以根据拍摄场景和需求构思和执行自己想要的飞行动作，从而拍出令自己满意的短片。下面分别介绍一键短片的 4 种模式。

4.4.1 渐远模式

在渐远模式下，无人机会面朝我们选择的目标，一边后退一边上升。

渐远模式

我们可以先手动框选画面中的目标，此时目标处会出现一个绿色方框，然后在屏幕下方选择飞行距离，无人机就会围绕目标执行飞行动作。

手动选择目标，设置飞行距离

设置完成后，点击“Start”按钮即可开始拍摄。在无人机飞行前我们仍需注意飞行路径中是否存在障碍物，避免发生危险。

4.4.2 冲天模式

在冲天模式下，无人机会俯拍目标并快速上升。

冲天模式

先手动框选目标，然后在屏幕下方调整飞行高度。接下来检查无人机上空有没有障碍物。确认无误后，点击“Start”按钮开始拍摄。

手动选择目标，设置飞行高度

4.4.3 环绕模式

在环绕模式下，无人机会保持当前高度，环绕目标一圈。使用环绕模式时可以自行调节云台俯仰角度，以拍摄出符合需要的画面效果。

环绕模式

4.4.4 螺旋模式

在螺旋模式下，无人机将螺旋上升后退，环绕目标一圈。

采用螺旋模式的时候可以设置旋转的最大半径。注意：一定要在确保无人机安全的情况下进行合理设置。

未登录账号
67
15'44"
15
飞机将螺旋上升后退，环绕目标一圈。
Start
0.0 m/s
H 9.2 m
0.0 m/s
D 1 m
存储
分辨率
EV
03:13:57
2.7K30
0.0
AUTO

螺旋模式

未登录账号
60
13'40"
16
Start
最大半径 20m
10m
20m
30m
0.0 m/s
H 9.4 m
0.0 m/s
D 1 m
存储
分辨率
EV
03:13:57
2.7K30
0.0
AUTO

设置最大半径

第5章

无人机航拍前的准备与在特殊场景航拍的注意事项

在前面的章节中，我们学习了无人机的操作方法及遥控器的使用方法，已经初步具备了在室外飞行无人机的能力，但这并不意味着我们已经牢牢掌握了所有的飞行知识，航拍前的准备工作同样重要。好的航拍前的规划会让航拍效率大大提升。

5.1 出发前的准备工作

在外出航拍之前，需要先明确本次航拍的目的和要求。例如，拍什么？怎么拍？在什么时间拍？去什么地方拍？拍多久？只有在明确航拍的目的和要求后，才能进一步做好准备工作。本节将会对出发前的准备工作进行详细讲解。

制订飞行计划是出发前的准备工作中的第一项，其目的是对飞行场景做一个系统的梳理。例如，我们要拍摄一些城市日落的素材，那么“城市日落”就是本次拍摄的主题内容，然后根据主题内容明确拍摄日期、拍摄时间、拍摄地点、空域情况和所需设备，同时还要查询飞行当天的天气情况，以及考虑其他可能会影响拍摄的因素。

下页是一个飞行计划表，我们可以参考它来制订自己的飞行计划。

飞行计划表

主题内容	拍摄日期	拍摄时间	拍摄地点	空域情况	所需设备	天气情况	其他
城市日落	11 月 10 日	17:20—18:00	青岛五四广场	是否存在禁飞区和限高区	无人机、电池、SD 卡、桨叶、遥控器、手机、充电器、备用电池、备用桨叶、UV 镜等	晴天还是多云，是否有雨雪雾，了解气温、风力、风向等	是否有保安拦截飞行

在上面的飞行计划表中，我们可以看到拍摄的主题内容是“城市日落”，拍摄日期是 11 月 10 日。拍摄时间通常怎么确定呢？我们可以借助相关的 App 或在相关网站上查询拍摄地点的日落时间。

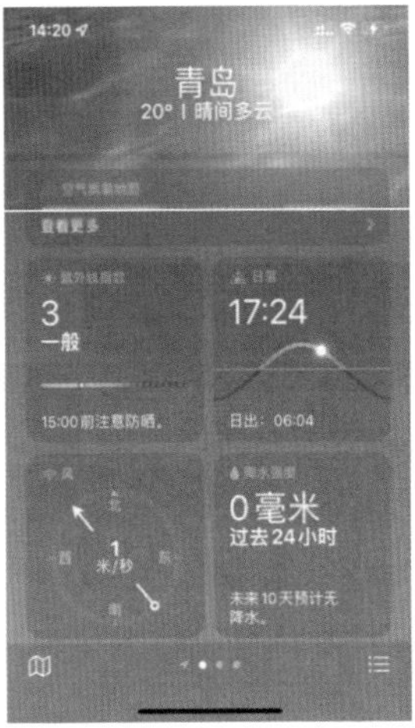

借助相关的 App 查询拍摄地点的日落时间

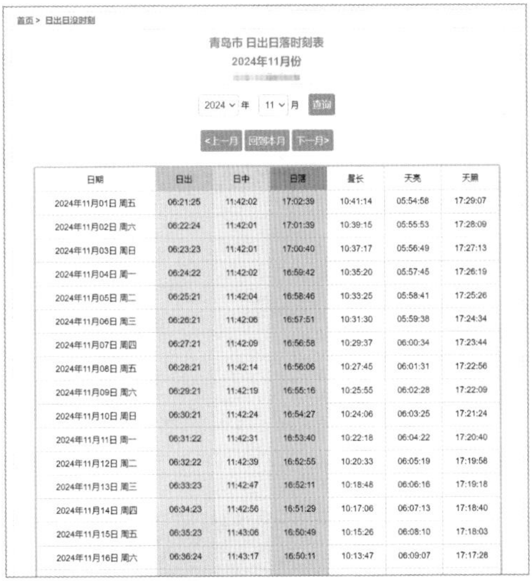

首页 > 日出日没时刻

青岛市 日出日落时刻表

2024年11月份

2024 年 11 月 查询

<上一月 回到本月 下一月>

日期	日出	日中	日落	昼长	天亮	天黑
2024年11月01日 周五	06:21:25	11:42:02	17:02:39	10:41:14	05:54:58	17:29:07
2024年11月02日 周六	06:22:24	11:42:01	17:01:39	10:39:15	05:55:53	17:28:09
2024年11月03日 周日	06:23:23	11:42:01	17:00:40	10:37:17	05:56:49	17:27:13
2024年11月04日 周一	06:24:22	11:42:02	16:59:42	10:35:20	05:57:45	17:26:19
2024年11月05日 周二	06:25:21	11:42:04	16:58:46	10:33:25	05:58:41	17:25:26
2024年11月06日 周三	06:26:21	11:42:06	16:57:51	10:31:30	05:59:38	17:24:34
2024年11月07日 周四	06:27:21	11:42:09	16:56:58	10:29:37	06:00:34	17:23:44
2024年11月08日 周五	06:28:21	11:42:14	16:56:06	10:27:45	06:01:31	17:22:56
2024年11月09日 周六	06:29:21	11:42:19	16:55:16	10:25:55	06:02:28	17:22:09
2024年11月10日 周日	06:30:21	11:42:24	16:54:27	10:24:06	06:03:25	17:21:24
2024年11月11日 周一	06:31:22	11:42:31	16:53:40	10:22:18	06:04:22	17:20:40
2024年11月12日 周二	06:32:22	11:42:39	16:52:55	10:20:33	06:05:19	17:19:58
2024年11月13日 周三	06:33:23	11:42:47	16:52:11	10:18:48	06:06:16	17:19:18
2024年11月14日 周四	06:34:23	11:42:56	16:51:29	10:17:06	06:07:13	17:18:40
2024年11月15日 周五	06:35:23	11:43:06	16:50:49	10:15:26	06:08:10	17:18:03
2024年11月16日 周六	06:36:24	11:43:17	16:50:11	10:13:47	06:09:07	17:17:28

在相关网站上查询拍摄地点的日落时间

另外，我们还需要在相关的 App 中查看拍摄当天拍摄地点日落时间的天气情况。例如，11 月 10 日青岛的日落时刻天气晴朗，这就意味着我们可以拍摄到日落。假设这个时候天气是多云或下雨，那就意味着我们大概率是看不到日落的，就算去了拍摄地点也无法拍摄到想要的画面，此时我们可以改变拍摄计划。

确定了拍摄地点的日落时间和天气情况后，我们就可以规划出发时间了。如果乘坐公共交通工具，那么我们需要提前查询多久到达拍摄地点；如果打车或自驾，那么我们还应该考虑路上是否会堵车、终点是否方便停车等问题。尽

查询天气情况

量在日落前半小时到达拍摄地点，这样我们有充足的准备时间去选择合适的无人机起飞点、降落点和拍摄角度，然后静候太阳落山的时刻。如果我们临近日落时刻才准备出发，那么赶到拍摄地点时很有可能已经错过了最好的拍摄时间，从而很难拍到理想的画面。

在相关的地图 App 上查询出行路线时，可以顺便切换到卫星地图，查看拍摄地点周边的环境信息。例如，拍摄地点的地形地貌，其周边是否有开阔的平地，是否有过多的树木、楼房等。如果需要进行长时间拍摄，那么我们还应提前寻找周边有没有方便充电的地方，如果没有，可以多带几块电池。

当然，我们仅靠二维地图还不足以掌握拍摄地点的完整信息，如果有三维地图的补充，我们就可以对拍摄地点进行更加全面的分析了。我们可以打开网页版的三维地图，使用街景功能了解更多信息。目前，使用街景功能可以查看大部分城市街道的三维影像，我们可以试着输入拍摄地点的名称，查看网页能否呈现三维街景。如果拍摄地点有三维街景的话，我们便可以更加直观、全面地查看拍摄地点的地貌及存在的障碍物等，这是一种非常有效的信息筛查方法。

三维街景

此外，我们需要对拍摄地点的空域情况进行了解，接下来列举几种判断空域情况的方法。

方法一：在大疆官网上查询限飞区。

方法二：在无人机遥控器上查询限飞区。

方法三：在小红书、抖音、景区官网等平台上搜索限飞信息，了解潜在的禁飞风险。近些年，多地旅游景区相继发布了禁飞无人机的通知，我们在飞行无人机之前应了解这些信息，以免发生危险情况。

在小红书上查询到的限飞信息

旅游景区的禁飞公示牌

出发前的最后一项准备工作是清点航拍设备。无论携带什么设备，一定要在出发前按照飞行计划表清点一遍，同时确保无人机和遥控器充满电，桨叶完整无破损。如果使用的是需要连接手机的遥控器，还要确保手机的电量充足。千万要注意查看 SD 卡是否插在无人机机身内，很多人因为忘记携带 SD 卡而导致整个拍摄计划失败。另外，如果需要连续多日拍摄，每块电池都要多次使用的话，记得携带充电器，必要的时候还可以带一个移动电源和逆变器。

除了必要的无人机设备，还有一些配件可以一并携带。例如，有些厂家的无人机可以选配桨叶保护罩，将其安装在桨叶下面，能够在一定程度上保护无人机不因撞到障碍物而摔落，如 DJI Avata 的机身周围就装有桨叶保护罩。如有需要可以根据自己的设备选配安装桨叶保护罩，但安装了桨叶保护罩以后，无人机的续航时间会变短，操控性会变差。

带有桨叶保护罩的大疆无人机

加装桨叶保护罩

在清点设备的时候还可以根据拍摄需求及天气情况携带一些其他配件，如UV 镜、便携收纳包、遥控器遮光罩、充电管家、防水箱等。

UV 镜（引自大疆官网）

5.2 检查无人机和现场环境

在无人机起飞前，我们要先对其进行检查。

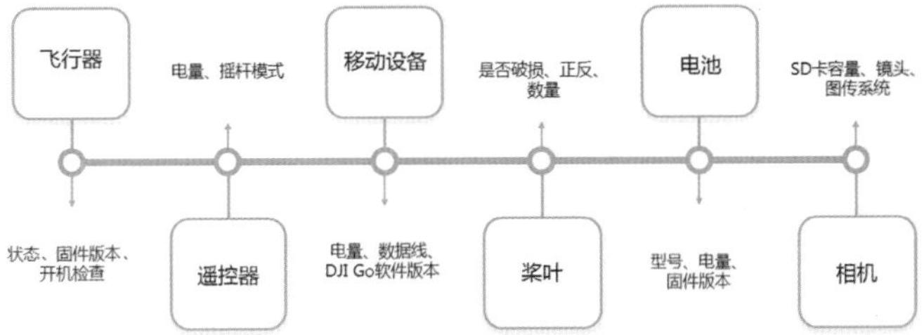

无人机设备检查项

检查完无人机后，我们需要检查现场环境，确保飞行安全。

在室外航拍的时候，周边可能会存在多种干扰因素，威胁飞行安全，如电线、电塔、斜拉线、信号塔、高楼、树枝、峡谷等固定障碍物，以及电磁信号等可能干扰无人机信号传输的潜在因素。

电线、电塔

峡谷

固定障碍物中，电线杆上的电线和信号塔上的斜拉线都无法被无人机的避障模块识别，所以在飞行无人机的时候我们要有规避此类障碍物的意识。我们可以通过云台相机的第一视角画面观察空中情况，避免无人机触碰到障碍物，从而造成“炸机”。

电线杆上的电线

相邻的高楼

无人机撞到树上

在高楼林立的城市中操作无人机时，要注意楼体表面的玻璃也无法被无人机的避障模块识别。当无人机靠近楼体的时候，两座相邻的高楼中间的气流是非常乱的，高楼间还可能会出现阵风，强阵风会干扰无人机悬停的稳定性，造成无人机被“吹”到高楼上最终坠落的结果。因此，无人机在飞行时要与高楼保持安全距离，同时避开两座高楼之间的区域。高楼还有一个潜在风险是容易影响遥控器和无人机之间的信号传输，特别是当无人机与遥控器之间隔着楼体时，很容易出现图传信号、数传信号丢失的情况，严重的话也会造成“炸机”。

在自然环境中，也有许多因素会威胁无人机的飞行安全，如树枝。树枝与电线、斜拉线的情况类似，有时难以被无人机的避障模块识别。在近距离拍摄树木题材的场景时，无人机要与树枝保持一定的安全距离，避免螺旋桨碰到树枝而造成“炸机”。

在拍摄江河湖海等场景时，如果无人机距离水面很近，可能会被吸入水中。你知道这是为什么吗？因为无人机在距离水面两个翼展高度内的时候，会缺少地面效应，从而下坠，以至掉入水里。所以，我们在拍摄水面的时候，要通过云台相机的第一视角画面判断无人机距离水面的距离，当拿不准的时候就将无人机飞得高一些，以保证无人机与水面之间有足够远的距离。

无人机在峡谷地区飞行与在高楼之间飞行的注意事项类似，尤其要注意变化不定的风向和狭窄风口处的强烈阵风，保障无人机的安全。

5.3 无人机航拍前期规划

5.3.1 撰写拍摄脚本

如果是进行比较正式的短视频创作，在航拍前，我们要预想出成片效果，包括每个航拍镜头的起幅、落幅位置，运镜形式、速度及时长、转场和剪辑方式、景别与光线效果等。为了能在现场高效率地完成拍摄，以及避免漏拍镜头，我们需要在拍摄前撰写较为详细的短视频拍摄脚本。拍摄脚本可以是文字形式的，也可以是手绘或图片形式的。拍摄脚本需要包含拍摄主题、拍摄时间、拍摄地点、导演、镜号、景别、画面内容等基本信息。如果有演员出镜，拍摄脚本还需要包括服装、道具等详细信息。

短视频拍摄脚本

拍摄主题	万里长城，金山独秀	拍摄时间	20XX 年 12 月 10 日
拍摄地点	金山岭长城	导演	张三

镜号	景别	画面内容	运镜	字幕	音效	机位	时间	备注
1	全景	自东向西摇镜头，展示金山岭长城全貌	摇	无	无	售票处附近	3s	
2	近景	将军楼	定	假期前最后一天	无	正前方	2s	

短视频拍摄脚本

如果条件允许，可以制作航拍镜头脚本，提前将拍摄流程仔细地记录在文档中，以增强航拍时的规范性。

5.3.2 选择正确的起降点

选择正确的起降点时有几点需要注意。一是要选择地势平坦、地面平整的位置。地势平坦是指不要有斜坡，地面平整是指周边 1 平方米内不要有凸起和坑洞。二是起降点周边 5 平方米内不要有杂草、碎石、沙砾等障碍物，避免无人机在起降过程中因触碰到障碍物或尘土等卷入电机内而“炸机”。三是查看起降点周边的电磁情况，我们可以通过遥控器查看数传信号、图传信号的强弱程度，也可以借助其他辅助工具来查看。

选择平坦、开阔的起降点

5.3.3 航线规划

航线规划是航拍前期规划的重要内容，合理的航线规划能使拍摄更为顺利。

在规划航线时，拍摄者要做到以下几点。

（1）起飞无人机，对航线进行全景勘测。确认这条航线是否安全，确认飞行空间的大小，确认是否有视觉死角。

（2）思考无人机是否会飞到 GPS 信号较弱或消失的位置。

（3）观察是否存在可能对无人机的信号传输产生干扰的物体，如高压线、信号塔等。

（4）观测航线上存在的物体，预判画面效果。

5.4 遇到特殊场景时的注意事项

无人机航拍的过程并不总是一帆风顺的，有时难免会遇到一些特殊场景，给飞手带来较大的心理压力。尤其对于新手来说，他们往往在无人机起飞后十分忐忑，担心无人机不能顺利返航。本节将对一些特殊场景进行有针对性的分析，帮助大家从容应对将来可能会遇到的多种情况。

5.4.1 雨天

雨天是不适合无人机飞行的天气之一。首先，无人机通常不具备防水的特性，相关电子元器件很容易被雨水浸湿，造成损坏。其次，雨天的光线较暗，拍出来的照片会显得灰蒙蒙的，只能满足特殊的拍摄需求。

如果需要在雨天飞行无人机，那么可以随身携带一块吸水性强的毛巾，及时擦拭无人机。如果在刚下过雨的山区飞行无人机，那么需要注意有无水蒸气凝结而成的水雾，尽量避免让无人机穿越水雾，因为水雾也会对无人机的电机造成损害。

雨天山谷中的水雾

5.4.2 风天

在风天，无人机为保持姿态和飞行，会耗费更多电量，续航时间会缩短；同时，飞行稳定性也会大幅度下降。在风天飞行无人机时，要观测风速。注意，最大风速不能超过无人机的最大飞行速度。如果无人机飞行过程中风速过大，遥控器屏幕上会出现相应的提醒，这时候我们一定不要抱有侥幸心理，应及时让无人机返航，等风速小一些的时候再飞行无人机。

风速过大提醒

气流的出现会使飞行中的无人机突然上升或下降。例如，在沙漠、戈壁等环境中使用无人机拍摄时，上升气流会十分明显，抗风能力弱的轻型无人机很有可能被大风吹走。所以，在特殊环境下要时刻注意无人机的飞行状态，出现特殊情况后要及时进行调整或使无人机返航，避免意外发生。

无人机飞行时还要注意判别风向。如果是逆风，无人机的飞行速度会受到影响，电量也会比在无风状态下消耗得更快，此时要多预留一些电量用于无人机返航。

5.4.3 雪天

在雪天用无人机拍摄雪花漫天飞舞的情景，可以带给人们非常震撼的视觉感受。美丽的雪景非常适合用无人机航拍，但无人机的飞行时间不宜过长，因为雪花进入电机后会因高温融化成水，给无人机带来短路的风险。

由于雪天的气温较低，无人机电池的温度也会随之降低，这有可能导致无人机无法起飞，所以我们要随身携带一些保温设备。比较方便的保温设备就是暖宝宝，把它直接贴在无人机机身上即可。另外，低温会使无人机的续航时间缩短，所以我们要随时关注剩余电量，根据剩余电量合理安排拍摄内容。

在雪天飞行无人机时，要选择没有积雪的起降点，以保障无人机的安全。如果有条件，建议使用停机坪起降无人机，这样能大大降低雪水进入无人机的概率。在一些高低不平的地方，可以借助表面平整的箱包来起降无人机。

雪景拍摄

5.4.4 雾天

在雾天，能见度较低，操控无人机比较危险，且拍摄出来的画面非常灰暗，难以获得好看的素材。那么如何判断雾是否大到影响飞行呢？通常来说，如果能见度小于 800 米，此时的雾就可以称为大雾，这种天气也就不适宜飞行无人机。

实际上，雾不仅影响能见度，还影响空气湿度。无人机在大雾中飞行会变得潮湿，雾有可能影响无人机内部精密部件的运作，而且在无人机镜头上形成的水汽也会影响航拍效果。对于无人机这类精密的电子产品，水汽一旦进入其内部，很可能损坏内部的电子元器件。所以，在雾天使用无人机后，除了对其进行简单的擦拭，还要做好干燥、除湿方面的保养。可以将无人机放到电子防潮箱中，或将无人机与干燥剂一起放于密封箱中。

注意，无人机在雾天可能会失灵，如把 100 米的高空识别成地面，将降高度指令理解为直接启动降落程序，这样会导致什么后果可想而知。此时如果没有及时控制摇杆，很可能就会痛失一台无人机。

雾天

5.4.5 穿云

穿云航拍画面的朦胧飘逸感是令人惊艳的。但如果云层过厚，我们就不能实时监测无人机的动向，穿云航拍就具有一定的危险性。所以我们要时刻观察无人机的动向，当发现无人机的踪影比较模糊时要尽快让无人机返航，以确保飞行安全。

穿云航拍

5.4.6 高温或低温天气

在高温天气切忌让无人机飞行太久，而且应在两次飞行的间隙让无人机进行充分的休息和冷却。因为无人机的电机在运转时，会产生大量的热量，电机非常容易过热。在一些极端情况下，无人机的一些零部件和线缆可能会融化。

在低温天气也要避免让无人机飞行时间过长，在飞行中要密切关注电池的状况，因为低温会使无人机的续航时间缩短。一旦发现电量降低过快，就要让无人机尽快返航。

5.4.7 夜晚

夜间航拍是航拍爱好者最喜欢的航拍方式之一。同样的场景分别在白天和夜晚拍摄，能展现完全不同的风格和氛围。当然，夜间航拍的安全问题也是不容忽视的。在无人机起飞后和进行位置移动之前，一定要先操控无人机旋转一周，环视周围的环境，确认一下水平高度内有没有障碍物。若有障碍物，则需要明确其与无人机的距离，确认飞行安全后再继续做其他的飞行动作。这样做的原因是夜间环境光较弱，无人机的避障模块很难识别到障碍物。当无人机在左右移动和后退的时候，相机依然是朝向前方的，因此我们无法确定无人机的飞行路线上是否存在障碍物。这也是许多新手在练习夜间航拍时容易忽视的问题。如果时间充足的话，最好在白天提前到达起降点进行现场调查。起降点一定要避开树木、电线、高楼和信号塔等。

夜间航拍

第6章

无人机航拍的拍摄手法

本章主要介绍无人机航拍的拍摄手法。

6.1 俯视悬停拍法

俯拍镜头最独特的地方在于能把三维世界二维化，让观众以平面视角重新认识世界。

俯视悬停拍法是指无人机静止在空中，相机完全垂直向下拍摄。这种拍摄手法一般用来拍摄移动的主体，如船只、汽车等，所拍镜头算是一种空镜头，可以用于视频转场。

下面是笔者用俯视悬停拍法在西部公路上空拍摄的镜头，画面中的车辆增强了视频的动感。

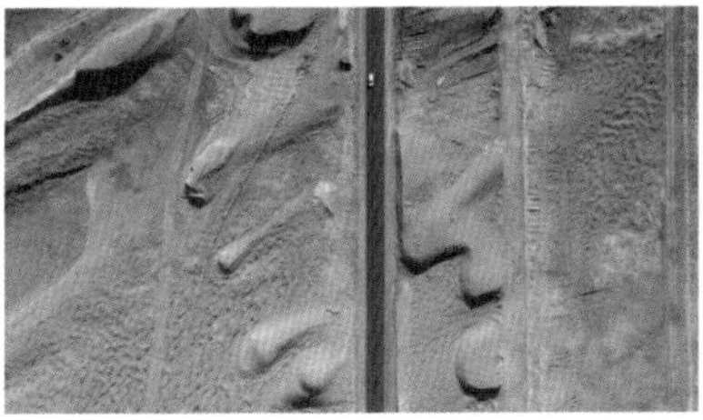

镜头画面1

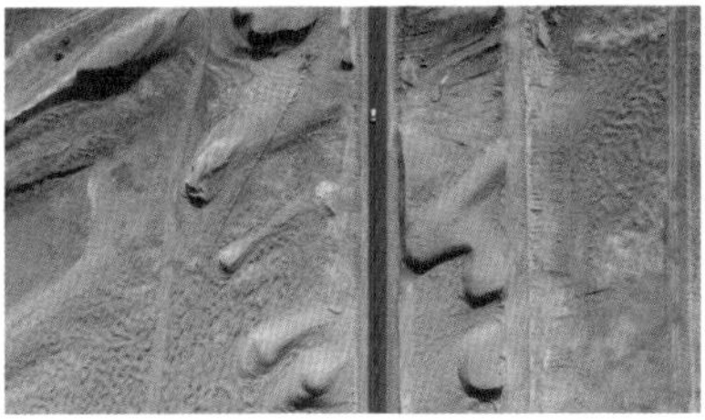

镜头画面2

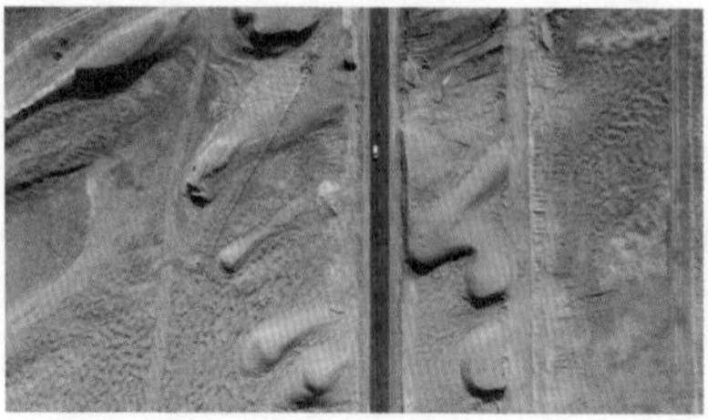

镜头画面 3

镜头画面 4

6.2 俯视向前拍法

俯视向前拍法在拍摄电影时经常用到，如拍摄摩天大楼。这种方法拍摄出来的画面给人很强的压迫感。需要注意的是，运用俯视向前拍法时，无人机的飞行速度不要太快，要保持慢速、匀速飞行，这样才方便观众看清被拍摄的目标。

下面是笔者在翡翠湖用俯视向前拍法拍摄的镜头，展现了翡翠湖漂亮的纹理。

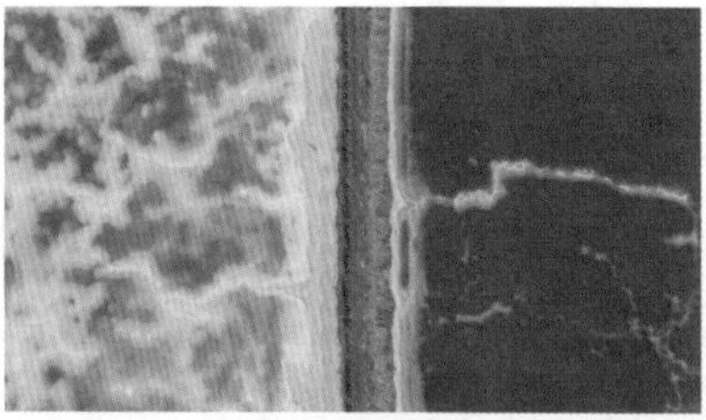

镜头画面 1

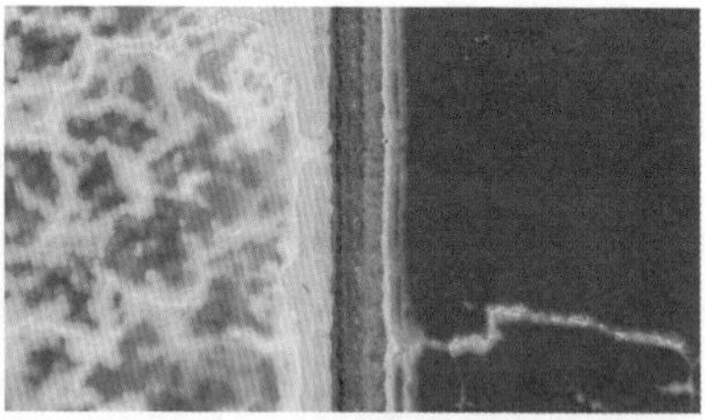

镜头画面 2

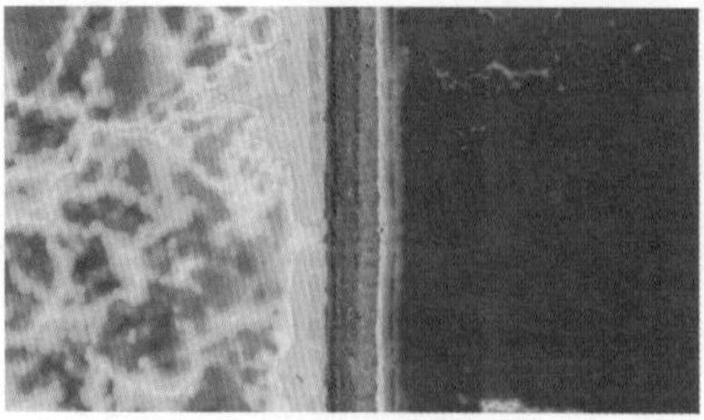

镜头画面 3

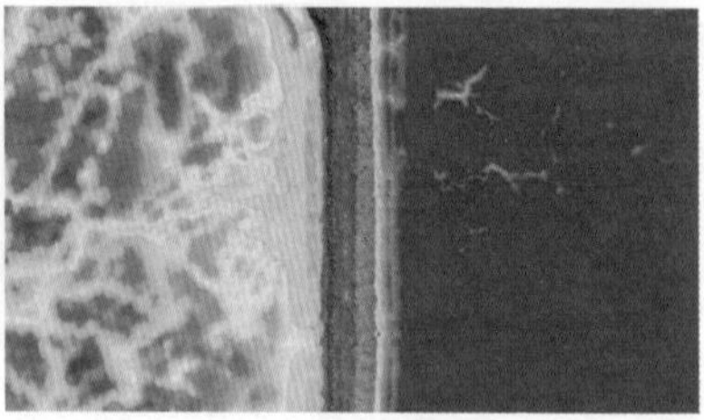

镜头画面 4

6.3 俯视拉升拍法

俯视拉升拍法会让画面景别越来越大，可能从特写变化到远景，是一种很好的由小到大地展示场景的拍摄手法。垂直拉升无人机的过程是逐步扩大视野的过程，拍摄的画面会不断显示周边的景象。

下面是笔者在艾肯泉用俯视拉升拍法拍摄的镜头，画面景别由中景扩大到全景，视野也越来越开阔，很好地展现了周边环境。

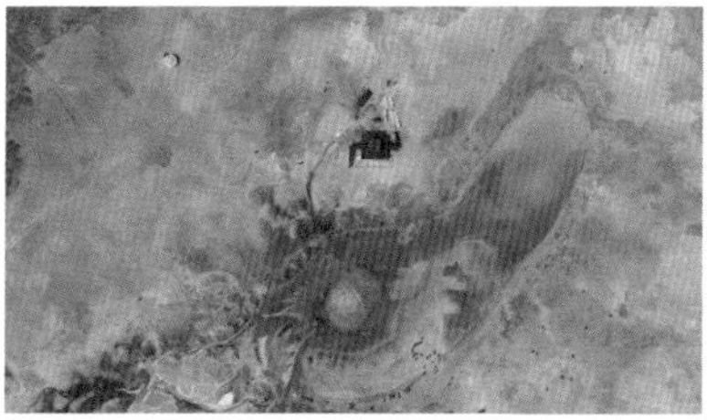

镜头画面 1

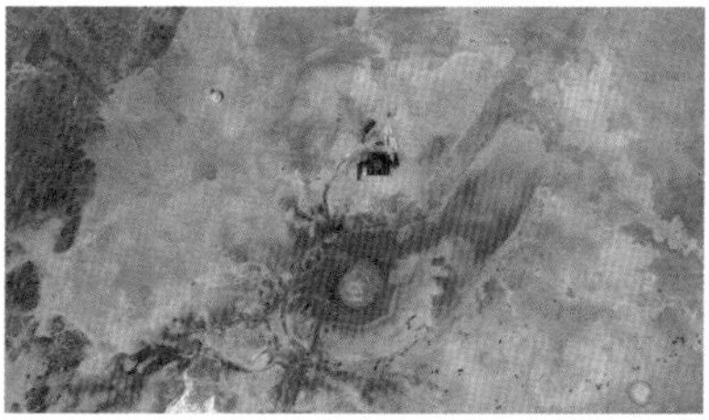

镜头画面 2

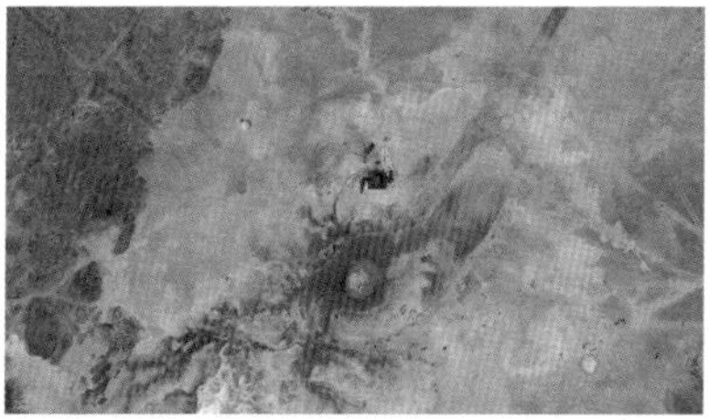

镜头画面 3

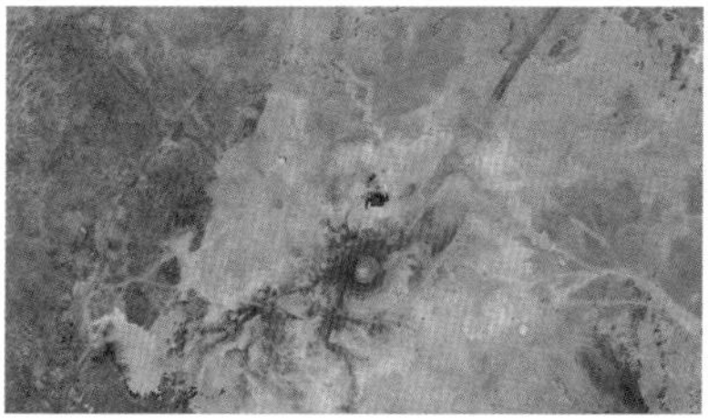

镜头画面 4

6.4 俯视旋转拍法

俯视旋转拍法就是先让无人机悬停在空中，再控制机身旋转，用垂直向下的视角拍摄，以展现环境，并使所拍画面有绚丽的视觉效果。

下面是笔者用俯视旋转拍法拍摄的艾肯泉的镜头，既展现出艾肯泉的神秘，又让观众有沉浸感、代入感。

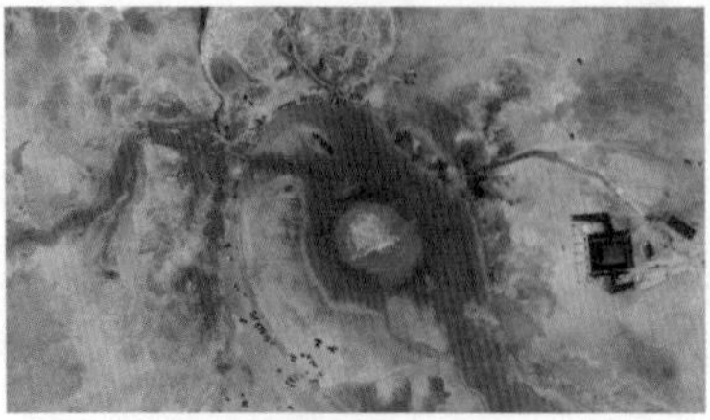

镜头画面 1

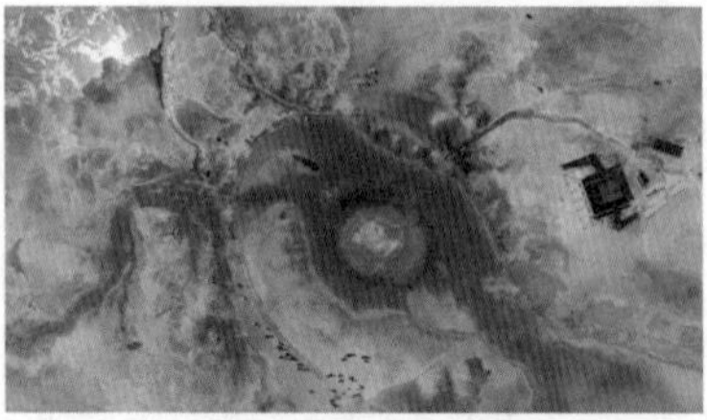

镜头画面 2

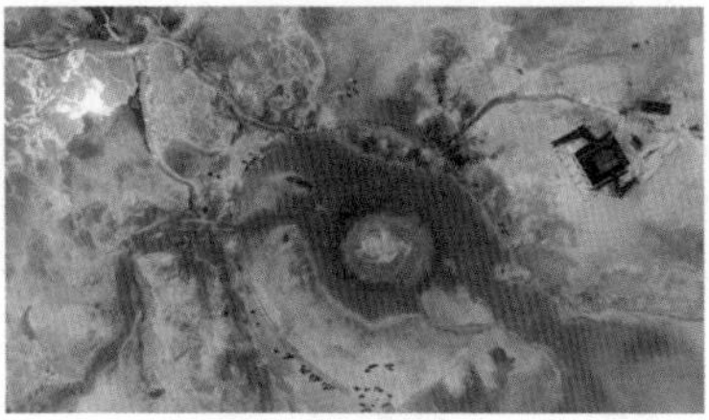

镜头画面 3

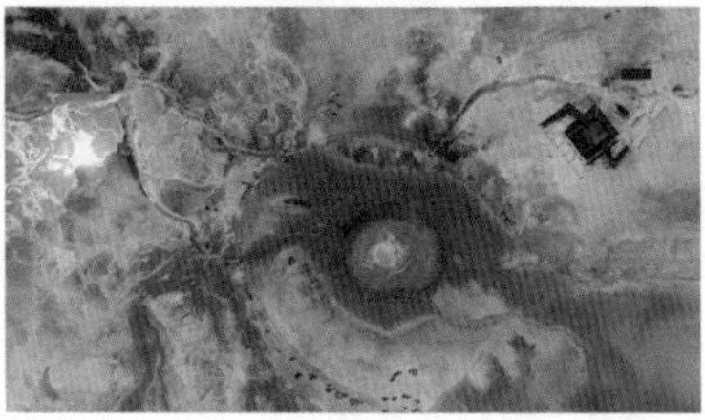

镜头画面 4

6.5 俯视旋转拉升拍法

俯视旋转拉升拍法是俯视旋转拍法的升级版，在俯视旋转拍法的基础上加入了上升的动作。使用该拍摄手法时，无人机的运动方式与之前讲的螺旋模式下无人机的运动方式类似，只不过此时相机垂直朝下拍摄。拍摄时请注意，要把主体时刻放在画面中心的位置（难度很大，需要多加练习），然后小心控制摇杆，这样拍出来的画面才稳定，才能吸引观众。

下面是笔者用俯视旋转拉升拍法拍摄的镜头，随着无人机的旋转、拉升，视野慢慢变得开阔。

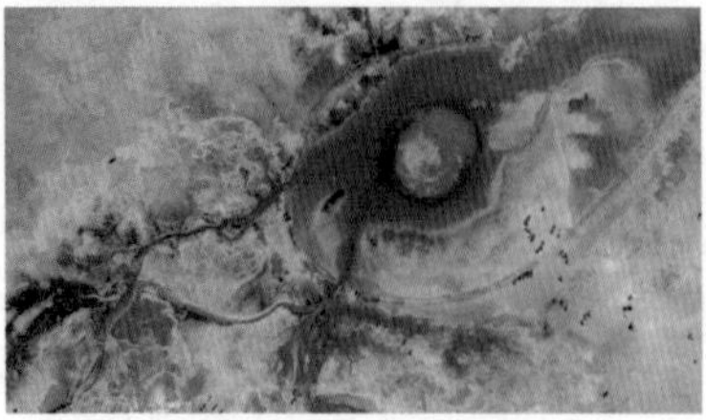

镜头画面 1

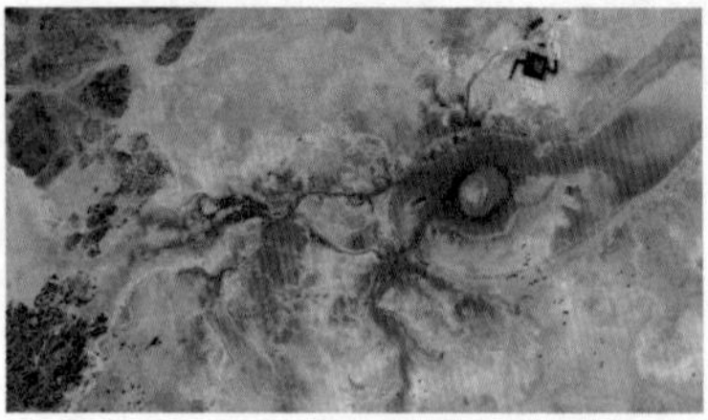

镜头画面 2

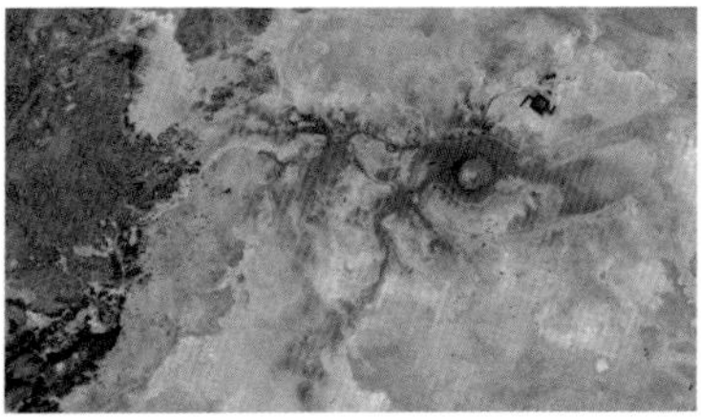

镜头画面 3

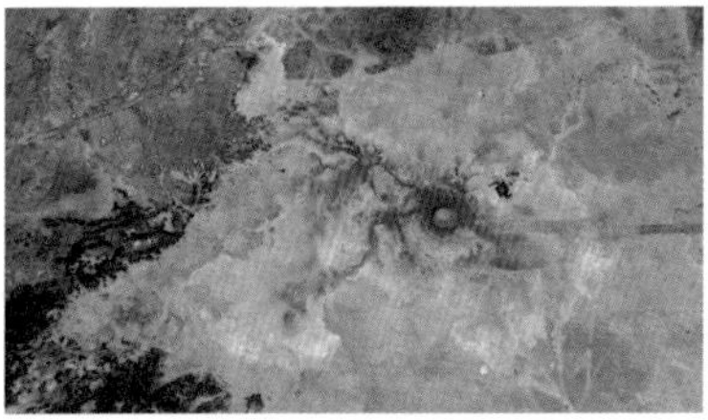

镜头画面 4

6.6 侧飞追踪拍法

侧飞追踪拍法是侧飞拍法和追踪拍法的结合。侧飞追踪拍法需要拍摄者操控无人机水平移动的同时对主体进行追踪，无人机的飞行速度既不能过快也不能过慢，要与主体移动的速度保持相对静止，以展示主体的运动方向及状态，使观众的视线能有所停留。在汽车广告或公路电影中我们常会见到用这种拍法拍摄的镜头。这种拍法不仅可以用于展现宏大的场面，还可以增强视频的动感。

下面是笔者在俄博梁用侧飞追踪拍法拍摄的镜头，主体是一辆白色的越野车。

镜头画面 1

镜头画面 2

镜头画面 3

镜头画面 4

6.7 飞越主体拍法

飞越主体拍法是一种高级的航拍手法：无人机朝主体飞去，此时是平视视角；在无人机越过主体的最高点时，视角切换为俯视视角。因为无人机和相机在不停地变换角度，所以画面会有很强的动感与未知性，当然也更有吸引力。

下面是笔者用飞越主体拍法拍摄天津火车站的画面效果。

镜头画面 1

镜头画面 2

镜头画面 3

镜头画面 4

6.8 遮挡揭示主体拍法

遮挡揭示主体拍法也是一种高级的航拍手法，所拍镜头可以算作侧飞镜头的一种。首先要选择与主体无关的景物作为拍摄对象，该景物要足够大，能完全挡住主体，给观众留下悬念。然后使用侧飞镜头拍法缓慢且匀速地左移或右移无人机，直至主体被完全揭示，此时观众会眼前一亮。

下面是笔者用遮挡揭示主体拍法拍摄的“天津之眼”镜头。首先将“天津之眼”作为主体，利用其前方的居民楼进行遮挡，然后让无人机向右侧飞行并进行拍摄，逐渐揭示主体。

镜头画面 1

镜头画面 2

镜头画面 3

镜头画面 4

第7章

航拍景别、光线、构图与视角的应用

本章将详细讲解航拍中的景别、光线、构图与视角，帮助读者快速掌握航拍的基础知识与美学规律。

7.1 景别

在传统摄影中，景别由大到小分为远景、全景、中景、近景和特写。而在航拍摄影中，受拍摄方法和无人机性能的限制，我们很难拍出特写画面，所以航拍摄影的景别通常分为远景、全景、中景和近景。下面分别对这4种景别进行介绍。

7.1.1 远景

在航拍中，远景多用来展现自然景观的全貌，展示人物周围的广阔空间，以及大型活动现场。远景画面能够让观众产生纵观全局的感觉，十分有气势，给人以整体感。但远景画面中缺乏对景物细节的展示，所包含的元素也较多。

远景

7.1.2 全景

全景

全景相较于远景来说，主体在画面中所占比例更大，这使主体看起来离我们更近一些。在全景画面中，主体与其周围的环境一起出现，因此全景在展现主体的同时也能交代环境，但全景画面中景物的细节同样比较粗略。

7.1.3 中景

中景

中景突出了环境里某个单独主体的信息和特征，观众在欣赏时首先会关注到主体。中景画面中的主体相较于全景画面被放大了很多，但仍然能展现部分背景。

7.1.4 近景

近景

近景在中景的基础上近一步放大了主体，重点表现主体的细节和特征，而主体周边的环境元素变少，甚至完全没有。在近景画面中，环境被淡化，处于陪体地位，观众的视线会自然地落在主体上，因此近景的作用就是刻画主体。

7.2 光线的运用

受光线的影响，世界万物会呈现出不同的色彩和效果。你会发现在不同时间拍摄同一位置的主体时，画面会呈现出不同的风格。这是因为光线照射到主体上时，光线的强弱、光源的位置、光线照射的方向及光质的变化都会改变主体所呈现的状态。光线在一天当中会随时间的变化而不停变化，主体所呈现的状态会随着光线的变化而变化。因此，善于运用不同的光线，把握合适的拍摄时机，是拍出好作品的重要方法。

在一般的航拍摄影中，由于拍摄的范围较大，人造光源无法让主体产生多样的变化，所以拍摄时的光源往往是自然光。

光线有硬光和柔光之分。例如，在晴天，中午的阳光便是典型的硬光，硬光会使主体产生轮廓清晰的影子；在阴天、日出时分、日落时分的阳光都是柔光，柔光是漫射、散射的光线，方向性较弱，不会让主体产生轮廓清晰的影子。

此外，在雨后雾气消散的时分，空气的通透度往往会大大提高，此时物体色彩的饱和度也会有所提升。

不同照射方向的光线形成的画面明暗效果不同，概括起来有 5 种：顺光、逆光、侧光、顶光和底光。下面讲解这 5 种光线，以及如何合理地运用它们进行航拍。

7.2.1 顺光

顺光是指光线照射方向与无人机镜头朝向一致的光线，其投向主体的正面。在顺光条件下，主体的大部分区域都能得到足够的照明，所拍摄的画面整体呈现出明亮的感觉，主体上不会有明显的明暗对比。顺光拍摄的画面中，所有的细节都得到了很好的展现，曝光比较好控制，但画面的立体感较弱。

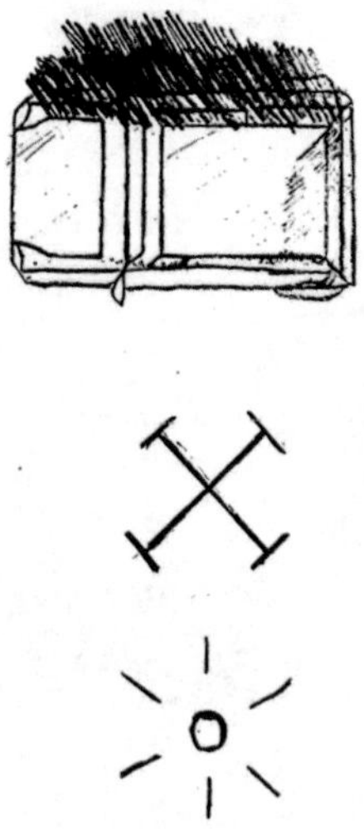

顺光示意图

7.2.2 逆光

逆光与顺光刚好相反，即光线照射方向与无人机镜头的朝向相反，光线是从主体的后方投射过来的。在逆光情况下，主体的正面不能正常曝光，细节也不能很好的展现。逆光拍摄对拍摄者的能力要求较高，在逆光拍摄时曝光不易控制。如果画面当中出现光源，那么光源周边容易出现高光溢出的问题，从而产生过曝的情况。但如果控制得当，画面的感染力会比较强。逆光拍摄一般用于制造朦胧的氛围，以突出主体的轮廓。

逆光示意图

7.2.3 侧光

侧光是指从主体的侧面照射过来的光线。侧光会在主体上形成明显的受光面和阴影面，面向光源的部分非常突出，背向光源的部分则被削弱，因此主体的立体感强。侧光拍摄的画面明暗反差鲜明，层次丰富，多用于表现主体的空间深度和立体感。侧光在突出主体的纹理细节上非常适用，常用于拍摄山川、沙漠等场景。

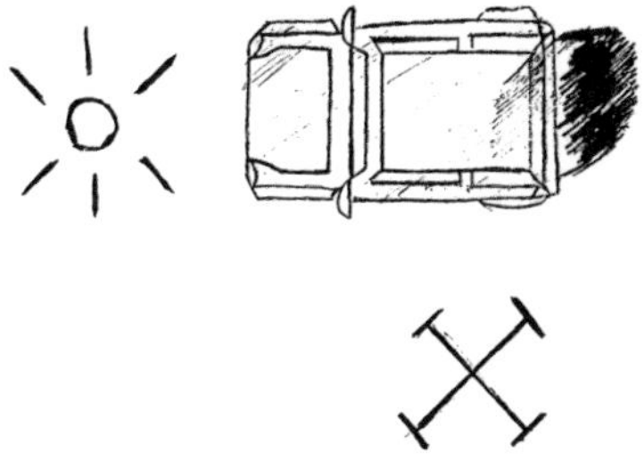
侧光示意图

7.2.4 顶光

顶光是指从主体的上方照射过来的光线。在航拍摄影中，我们经常会拍摄一些垂直向下俯瞰的画面，如果此时是正午时刻，那么太阳会位于无人机和主体的正上方，形成顶光的状态。顶光可以更好地突出主体的轮廓和形态，并且能使主体与周边环境形成区分和反差，营造一种对比的氛围。

顶光示意图

7.2.5 底光

底光是指从主体底部向上投射的光线，适用的拍摄环境较少。最常见的底光是水平面的反射光，或在较暗的环境中人为营造的灯光。底光拍摄出来的画面往往具有神秘感和新奇感。底光多用于航拍舞台、夜间足球场等场景。

底光示意图

7.3 构图形式

构图是指拍摄者为了表现画面主题和艺术效果，将所有要拍摄的元素合理安排在画面当中，以获得最佳布局的方法。

构图主要是为了突出主体，增强画面的艺术效果和感染力，向观众传达拍摄者的情绪和思想。当你的航拍作品越能清晰地呈现主体时，观众越容易理解该作品的含义，也会对你的作品更感兴趣。

在航拍摄影中，有几种常见的构图形式：主体构图、前景构图、对称构图、黄金分割构图、三分线构图、对角线构图等。下面进行详细介绍。

7.3.1 主体构图

当作品中元素过多时，观众会产生混乱感，一时不知道重点在哪里，这时我们就需要对画面进行构图。构图就像一把好用的“裁剪刀”，可以裁掉不必要的元素，留下主体。通常，照片中的元素越少，主体就越突出。所以我们在构图时，首先需要注意的就是元素的选取：多关注主体，删除其他不重要的元素。

举个简单的例子，下图中元素较多，显得杂乱无章，多种元素的散乱分布会让观众的注意力变得分散。

画面中元素过多，会分散观众的注意力

所以，在拍摄此类画面时，要对画面中的杂乱元素进行调整，我们可以通过调整拍摄角度来突出主体，如垂直于地面进行拍摄，这样拍摄出来的画面比之前简洁明了，如右图所示。

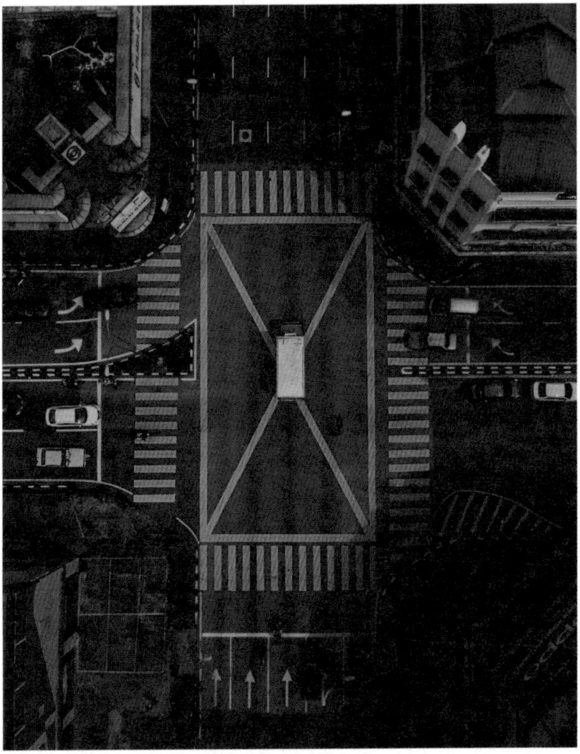

将多余的元素删除，调整拍摄角度，画面更加简洁

7.3.2 前景构图

元素在平面和立体空间中的位置都很重要。照片中并没有真正的立体空间，但是我们可以通过合理安排画面的前景、中景和背景去制造纵深感，让平面的照片看起来更加立体、生动，带给观众一种观看立体空间的感觉。

前景可以是任何景物，其对画面的主体和陪体有着很好的修饰和强化作用，并且可以丰富照片的内容和层次。在很多场景中，都可以运用前景构图。

例如，在左图中，蜿蜒的河流就是前景。这种夸大的前景与画面中的背景有一种距离感，让画面变得更有深度，更有立体感和空间感。

蜿蜒的河流与小船是前景，位于画面中间的山脉是中景，远处的天空是背景

7.3.3　对称构图

对称构图是指将画面分为大致对称的两部分，能够表现出空间的宽阔感。对称构图是常见的、不容易出错的构图形式。

左右对称构图

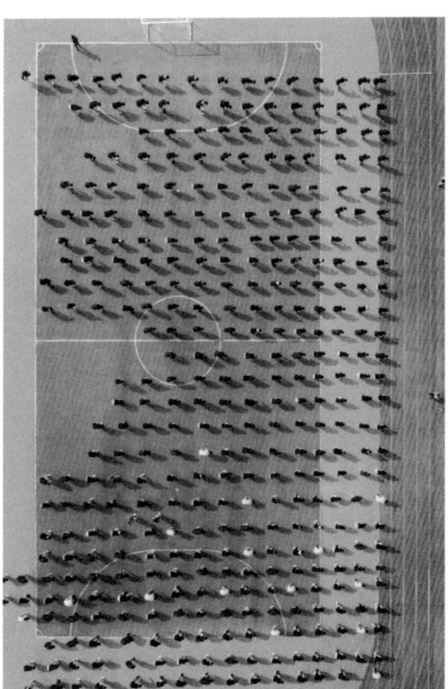

上下对称构图 1

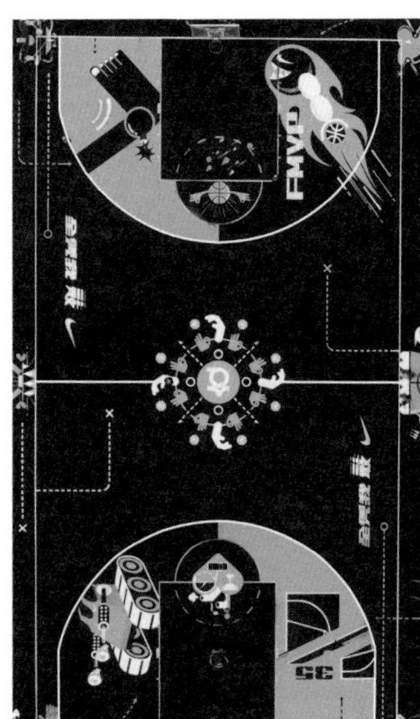

上下对称构图 2

7.3.4 黄金分割构图

用无人机航拍时，可以采用黄金分割构图的方法来取景构图，让画面中的主体显得醒目、突出，并让画面整体变得协调。黄金分割构图的画面分割比例如下图所示，主体可以放在分割线的交叉点上。

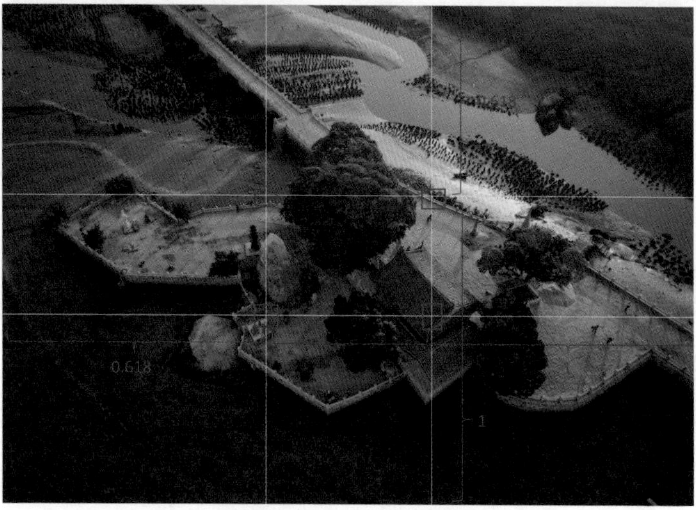

黄金分割构图的画面分割比例

黄金分割构图

7.3.5 三分线构图

三分线构图也被称为“黄金分割构图的简化版”，具有与黄金分割构图相似的效果，能给观众带来舒适、稳定的观看体验。使用三分线构图时，我们要将画面在横竖方向上分别进行三等分。拍摄时，可以将主体放在等分线的交叉点上，将天际线放在等分线上。三分线构图适用于表现空间感强的画面。

三分线构图有两种表现形式，分别为横向三分线构图和纵向三分线构图。例如，下图就是采用的横向三分线构图，天空、山川和草原在画面中的占比几乎相同，给人以舒适的观感。

横向三分线构图

左图则采用了纵向三分线构图，将优美的海岸风光展现了出来，同时画面又非常简洁、干净。

纵向三分线构图

7.3.6 对角线构图

对角线构图是指主体位于画面的对角线上或沿对角线布局，从左上角到右下角或从右上角到左下角布局均可。对角线构图会使画面显得更加生动、有活力，倾斜的角度也能增强整体画面的动感和张力。适合采用对角线构图的场景有很多，如桥梁、公路、海岸线等。

对角线构图 1

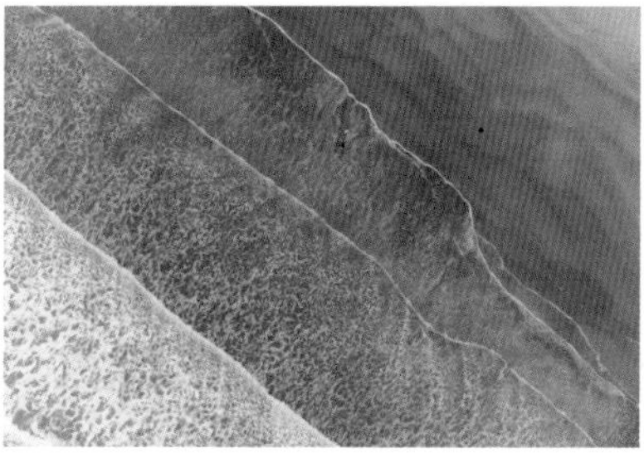

对角线构图 2

对角线构图 3

对角线构图 4

对角线构图 5

对角线构图还衍生出了一种 X 形构图，即两条对角线都被主体填满。X 形构图常用于拍摄公路的交叉口等场景。

X 形构图

7.3.7 向心式构图

向心式构图是指主体位于画面的中心位置、四周的景物向中心集中的构图形式。向心式构图能将观众的视线引向位于画面中心的主体，并起到聚焦的作用。

向心式构图 1

向心式构图 2

7.3.8 曲线构图

挺拔的树木因为有绿叶相衬才显得生机勃勃，若是只有一根孤零零的树干伫立在地面，想必给人更多的是一种凄凉感，而不是美感。笔直的公路总会给人以单调的观感，但如果是蜿蜒曲折的公路，再通过俯视视角展现，画面则会显得更加自然、唯美，富有空间感和韵律感，多变的线条走向也会引导观众的视线在画面里“自由地漫步”。

曲线构图 1

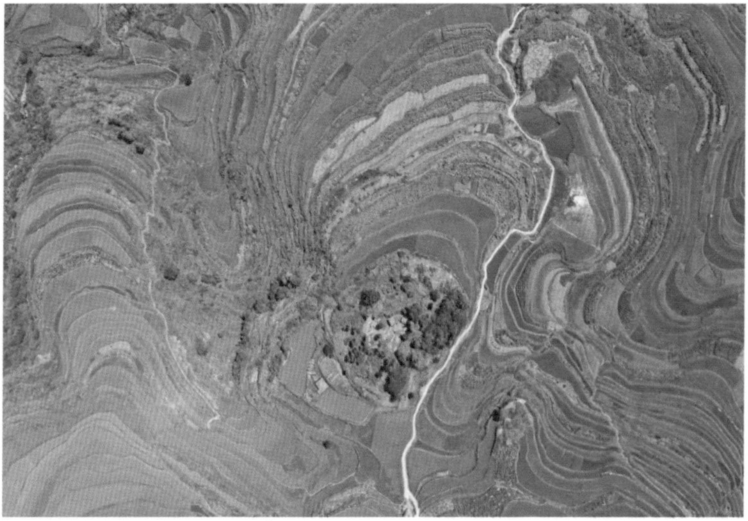

曲线构图 2

7.3.9 几何构图

几何构图是指利用画面中有固定轮廓形状的几何图形来表现拍摄对象的构图形式，常见的几何构图有椭圆形构图、三角形构图、矩形构图、心形构图、T形构图等，不同的几何图形会带来不同的观感。例如，圆形或椭圆形常给人一种完整且稳定的感觉。当一个大的圆形或椭圆形出现在画面中时，可以迅速吸引观众的注意。

椭圆形构图

三角形构图则兼备动态和稳定的观感，这取决于三角形的形态。等边三角形看起来更均衡，而等腰三角形能带来更强的动感。需要注意的是，如果三角形的3边都不等长，画面就会失去稳定性。

三角形构图

矩形给人稳定、静态的感觉，但矩形构图有时会使画面显得较为呆板，此时不妨尝试一下菱形构图，它会让画面更加具有动感。

矩形构图 1

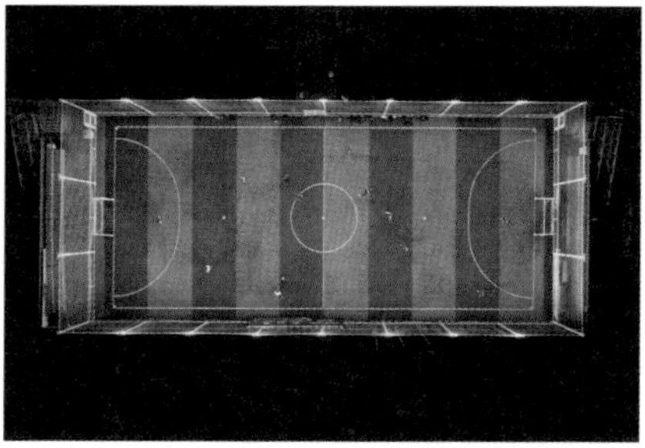
矩形构图 2

生活中的许多元素并不是按照固定的形状来呈现的，不规则图形在航拍摄影中也具有极强的视觉冲击力和画面内容想象力。

心形构图

T 形构图

7.3.10 重复构图

重复构图是指让元素重复排列，由此得到的画面充满秩序感。自然界中固有的和人工制造的重复元素有很多，如森林中的树木、层层梯田、建筑物中大量类似的门窗等。

重复构图 1

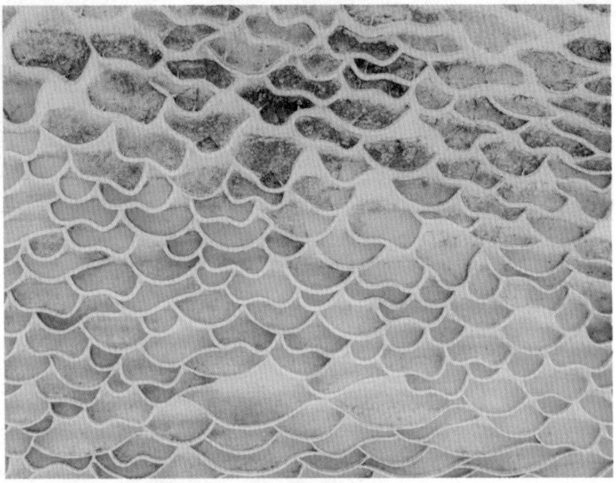

重复构图 2

重复构图 3

7.4 视角

无人机在空中的实际位置、镜头的角度及镜头的焦距等因素都会对构图产生影响。在传统摄影中，我们可以通过移动来寻找合适的拍摄位置，增加或缩短我们与主体的距离，并寻找适合衬托主体的前景和背景。而在航拍摄影中，我们是通过控制无人机的位置与镜头的角度来寻找最佳拍摄位置的。只有掌握了相应的飞控技术和云台相机视角调控技巧，才能真正发挥航拍全方位、多视角的拍摄优势。

无人机拍摄的视角可划分为俯仰视角和水平视角。俯仰视角是指无人机相机镜头与主体的连线与水平线之间的夹角。俯仰视角一般为仰视 30° 到俯视 90° 。不建议大幅度仰拍，因为大幅度仰拍容易拍摄到无人机的机体，使画面出现黑边。水平视角是指无人机镜头的朝向与水平面平行的拍摄视角。

仰视 10° 拍摄的瀑布，画面更加壮观

俯视 45° 拍摄的风景，画面更加具象

俯视 90° 拍摄的海岸。镜头垂直于地面进行拍摄，犹如鸟儿俯瞰大地一般，将我们日常生活中常见的事物以完全不同的角度进行呈现，展现出一种另类的美感。这个角度的画面一般只能借助无人机拍摄

水平视角拍摄的自然景观，更接近人眼在水平方向看到的画面，但是无人机能在人眼所不能达到的高度进行拍摄

拍摄高度对画面的表现力有着较大的影响，在很大程度上直接决定了画面的景别。但拍摄高度并不决定一切，只是影响视角。航拍并不是一味地追求画面的大而全，而是通过合理规划无人机的航线，灵活地操控无人机，最终获得更精准的拍摄角度。此外，请保持无人机始终在自己的视线范围内。

第8章

用 DJI Fly App 剪辑视频

本章主要介绍航拍视频的后期剪辑，你可以使用 DJI Fly App 对航拍视频进行快速的剪辑处理。

8.1 DJI Fly App素材管理

DJI Fly App 是适配大疆无人机的多功能软件，既可以用来操控无人机飞行，也可以用来剪辑拍好的视频素材。使用大疆无人机拍摄的视频可以直接在 DJI Fly App 中进行剪辑。DJI Fly App 的图标如右图所示。

DJI Fly App 的图标

本节重点讲解 DJI Fly App 的视频剪辑功能，帮助你熟悉整个剪辑流程。首先，打开 DJI Fly App，在主界面左下角找到“相册”按钮，点击进入。

DJI Fly App 主界面

进入相册后，可以看到“飞机图库”“航拍素材”两个选项，“飞机图库”是指无人机存储卡中存储的素材内容，“航拍素材”则是你拍摄并存储在手机里的素材内容。这里的“航拍素材”是笔者自定义的手机相册文件夹名称，你可以将其更改为其他名称。

点击“航拍素材”的下拉按钮，可以选择任意一个手机相册。选择好后可以根据需求继续选择“全部”“照片”“视频”“收藏”选项，对文件夹内的文件进行查看。

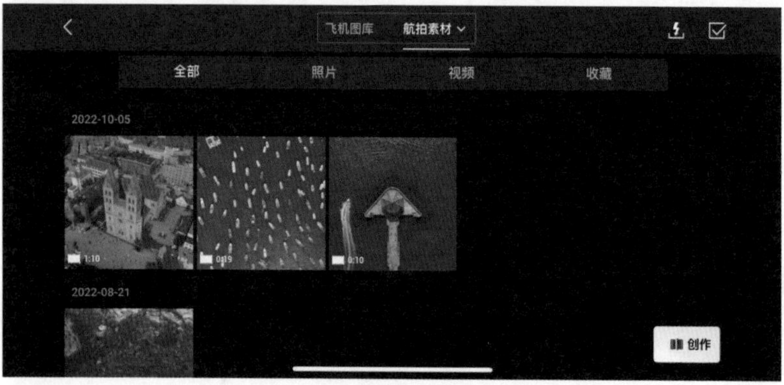

选择要使用的素材

在该界面右上角有两个按钮，分别是“手机快传”按钮和“批量选择”按钮。

点击左侧的“手机快传”按钮，可以进入手机快传模式，通过连接无人机信号或扫码连接无人机的方式进行素材快传。

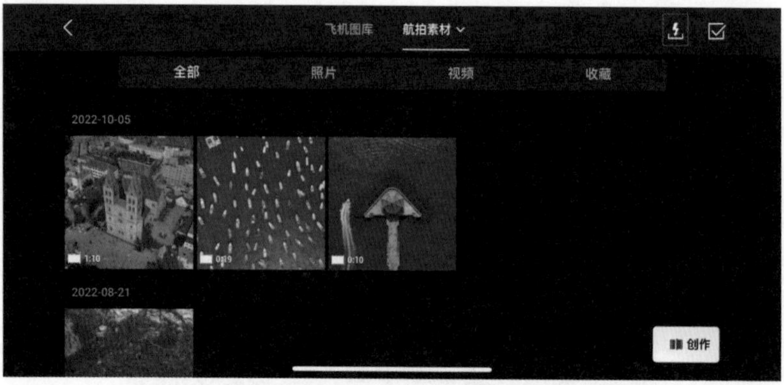

点击“手机快传”按钮

进入手机快传模式

点击下图中界面右侧的“批量选择”按钮，可对素材进行批量删除或收藏。

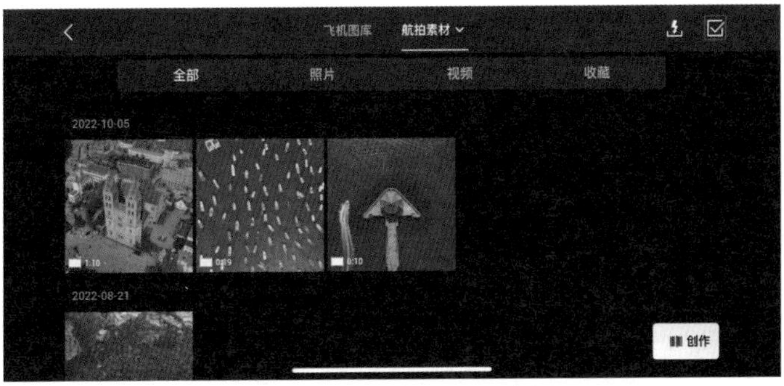

点击“批量选择”按钮

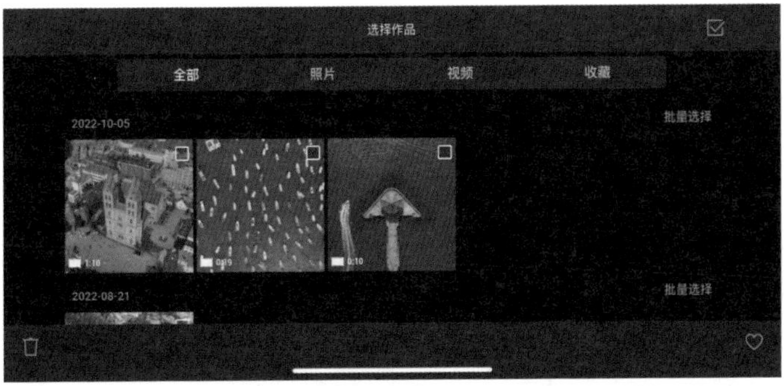

批量选择界面

在下图中界面的右下角有一个“创作”按钮，点击该按钮即可开始进行视频的编辑创作。

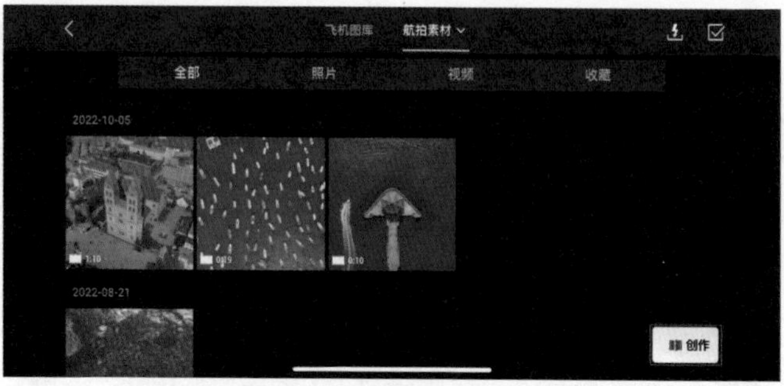

点击“创作”按钮

在创作界面中，可以看到“模板”和“高级”两个选项。选择“模板”选项，我们可以利用系统预设的模板生成视频内容。选择“高级”选项，我们导入素材后可以用功能菜单里的功能对素材进行调整，从而生成个性化的视频内容。

创作界面

创作界面右上角有一个“我的剪辑”按钮，点击该按钮即可查看保存的视频草稿，点击对应的视频草稿可继续进行剪辑。

点击“我的剪辑”按钮

视频草稿

8.2 DJI Fly App的模板编辑功能

打开 DJI Fly App，找到模板选择界面，在该界面右侧选择一个喜欢的模板，界面中间就会显示所选模板的样式。点击“使用”按钮即可进入该模板的素材导入界面。

模板选择界面

进入素材导入界面后，需要根据右上角提示的素材数量选择所需的素材。例如，当前选择的这个模板提示我们导入 8 段素材，那我们就先选择 8 段合适的素材，然后点击“导入”按钮，即可进入模板编辑界面。

在模板编辑界面中，左上角的白色箭头是“后退”按钮，用于退出当前界面，退出后模板的内容不会被保存；右上角是“导出”按钮，用于导出成片，导出的内容会被保存在相册中；中间部分是监视器，通过监视器我们可以实时预览成片效果。

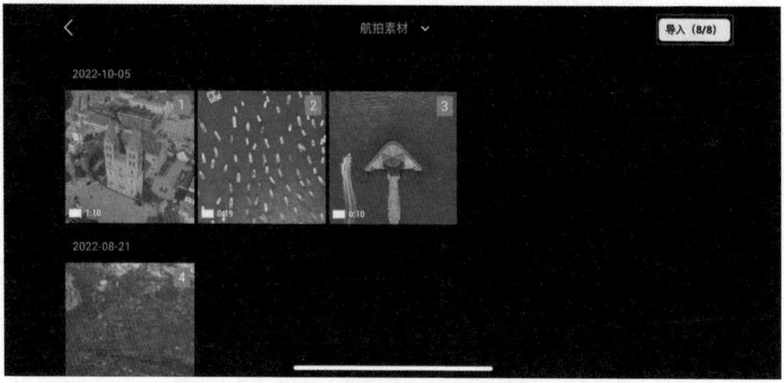

素材导入界面

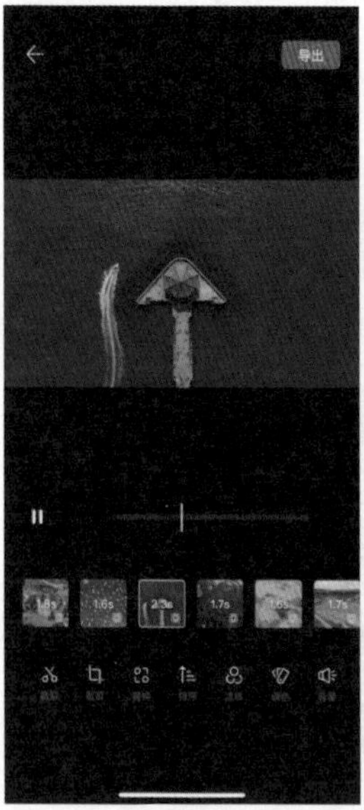

模板编辑界面

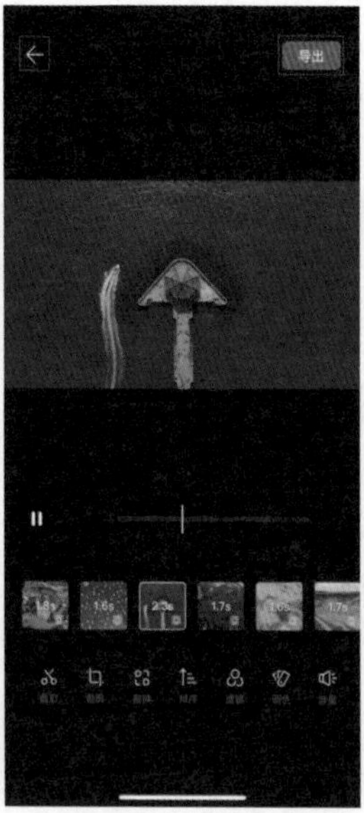

“后退”和“导出”按钮

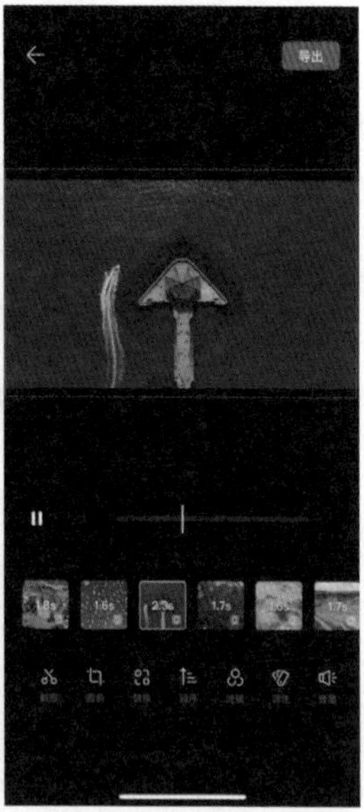

监视器

监视器下方是进度条，进度条上的白色竖线代表当前素材的播放进度，用手按住白色竖线并左右拖动可以调整播放进度；进度条左侧是“播放 / 暂停”按扭；进度条下方是素材缩略图，显示已选择的全部素材。素材缩略图上的白色文字代表该素材在模板中出现的时长。模板编辑界面底部是功能区，有“截取”“裁剪”“替换”“排序”“滤镜”“调色”“音量”几个选项，我们可以选择任意选项对素材进行相应调整。

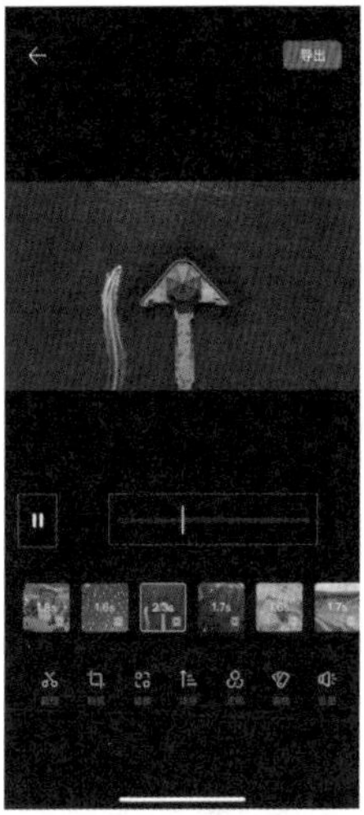

进度条和“播放 / 暂停”按钮

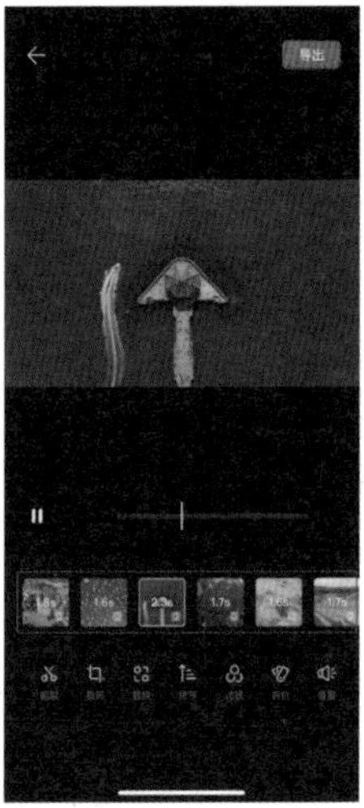

素材缩略图

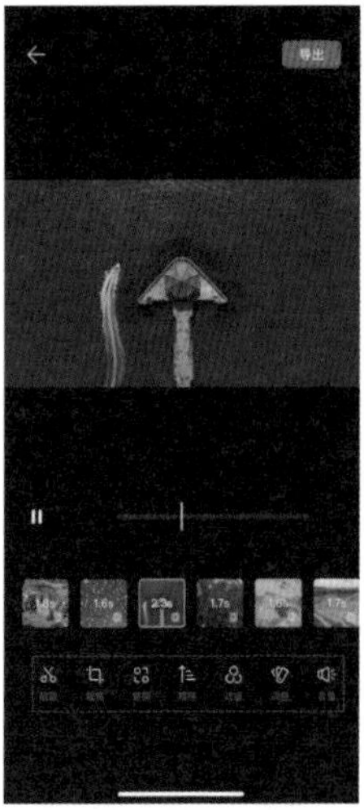

功能区

位于功能区最左侧的是“截取”选项，若导入的素材的时长比模板的固定时长更长，系统会随机截取素材中的一段，如果你觉得不合适，可以手动截取合适的片段。选择“截取”选项，进入素材截取界面，选择一段素材，可以看到素材下方会出现一个滚动栏，用手指在滚动栏上左右滑动可以选择该素材的其他片段。

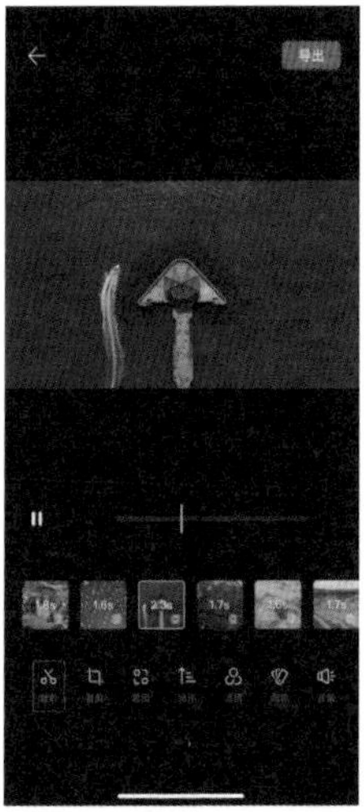

选择“截取”选项

左右滑动滚动栏，截取新片段

滚动栏下方有一个“替换该段”按钮，如果你觉得这段素材不是你需要的，就可以点击该按钮进行素材替换。点击“替换该段”按钮后，进入素材库，选择对应的文件夹，并选择需要替换的素材（当素材右上角出现蓝色的“1”图标时，代表该素材已被选中），然后点击右上角的“导入”按钮进行素材导入。导入完成后，再对新素材进行截取，确认无误后点击界面右下角的“√”按钮完成截取。

点击“替换该段”按钮

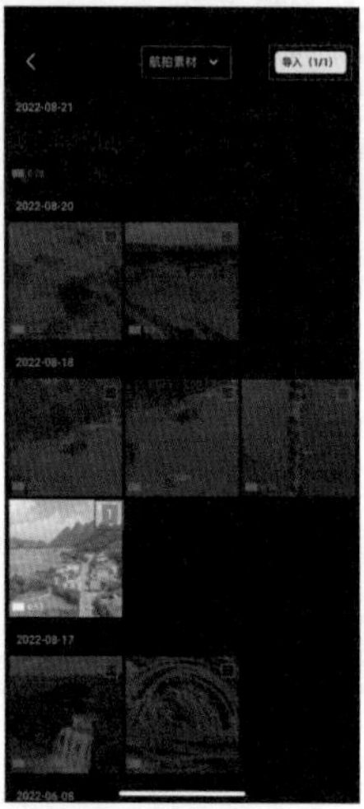

在素材库中选择新素材

点击“√”按钮完成截取

选择“裁剪”选项

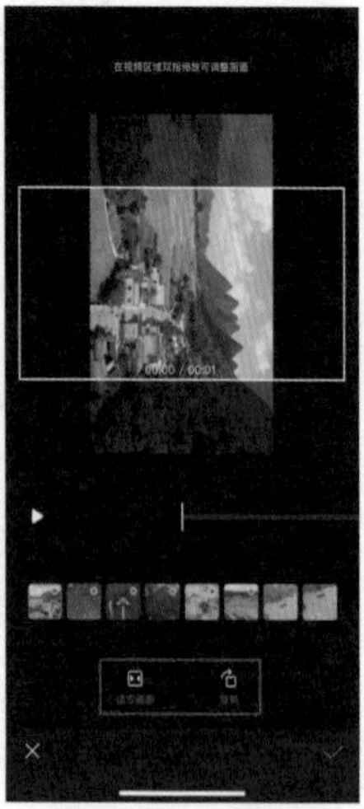

“适应画面”和“旋转”选项

“裁剪”功能用于对素材画面进行自适应调整和旋转操作。选择“裁剪”选项，进入裁剪界面，可以看到“适应画面”和“旋转”两个选项。选择“适应画面”选项可切换为“填满画面”，选择“旋转”选项可旋转画面，更改完成后点击界面右下角的“√”按钮完成裁剪。

“替换”功能与“截取”功能中的“替换该段”按钮的作用相同，用来更改选定的素材。

点击“√”按钮完成裁剪

“替换”选项

“排序”功能用来调整素材在模板中的顺序。选择“排序”选项，进入素材排序界面，可以看到目前的素材排列顺序。如果需要调整某段素材的位置，可长按该段素材并把它拖动到想要的位置，完成后点击界面底部的“确认排序”按钮即可。

选择“排序”选项

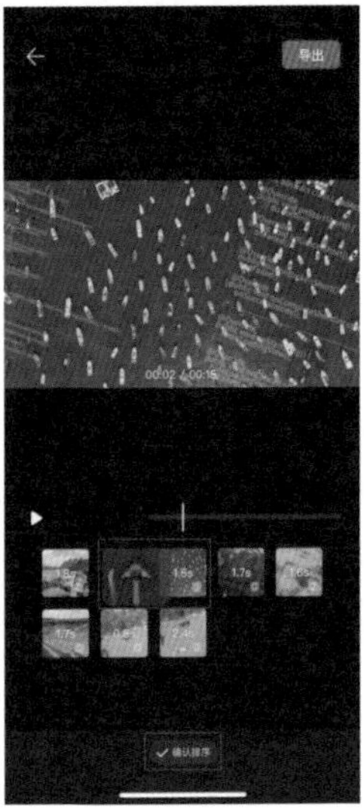

点击“确认排序”按钮

“滤镜”功能的作用是给素材添加滤镜，提供别样的呈现风格。选择“滤镜”选项进入滤镜选择界面，可以看到“原片”“默认”“质感”“胶片”“美食”“电影”“人像”“黑白”几大类别，每个类别下都有对应的多种滤镜，我们可根据需求自行选择。

选择“滤镜”选项

滤镜选择界面

选择一个滤镜后，画面就会呈现对应的滤镜效果。以反差较大的“摩登时代”滤镜为例，选择该滤镜后界面下方会出现一个横向的红色进度条，按住该进度条上的白色圆点并左右拖动，可以调整滤镜效果的强度。调整好以后，点击界面右下角的“√”按钮完成滤镜的添加。

“调色”功能用于对多种色彩参数进行调整，以达到最理想的画面效果，建议在调色完成后再考虑是否使用滤镜。选择“调色”选项，进入素材调色界面，可以看到“亮度”“对比度”“饱和度”“色温”“暗角”“锐度”选项，选择对应选项可对画面进行相应调整。

选择“摩登时代”滤镜

拖动白色圆点调整滤镜效果的强度

点击“√”按钮完成滤镜的添加

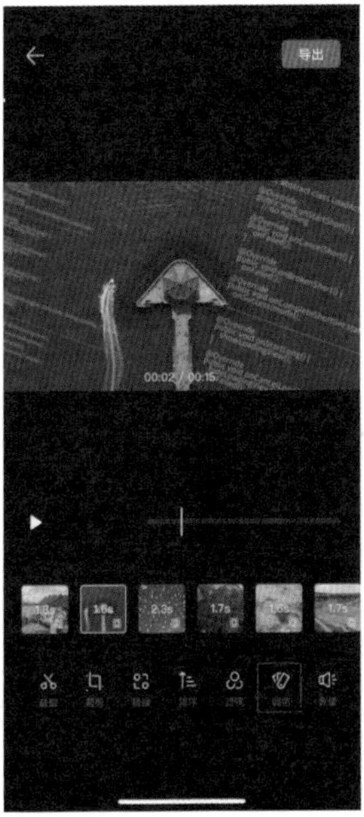

选择“调色”选项

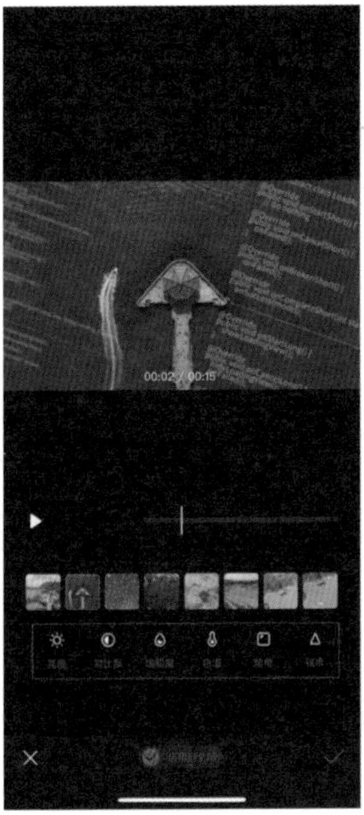

素材调色界面

选择“亮度”选项，按住进度条上的白色圆点并左右拖动可以调节画面的明暗。其余选项的操作类似，依次进行调节即可。

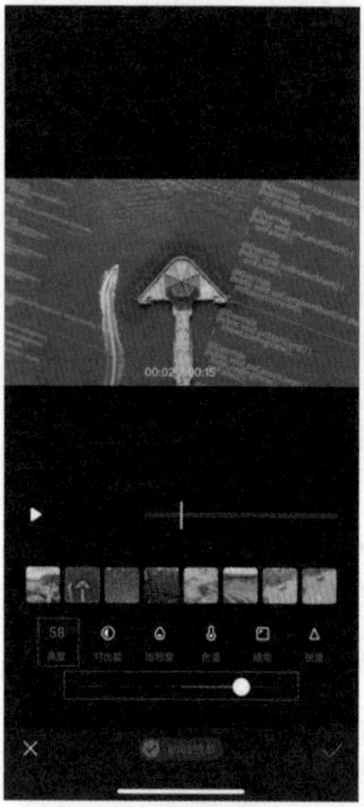

亮度调节

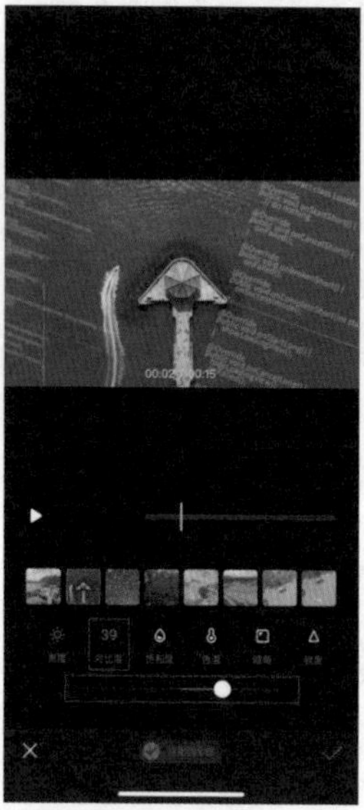

对比度调节

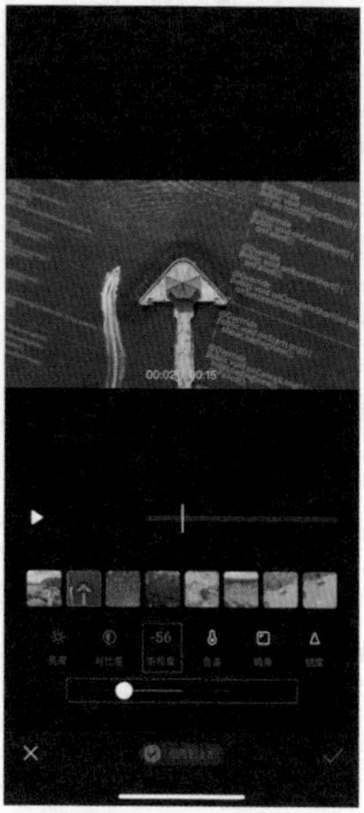

饱和度调节

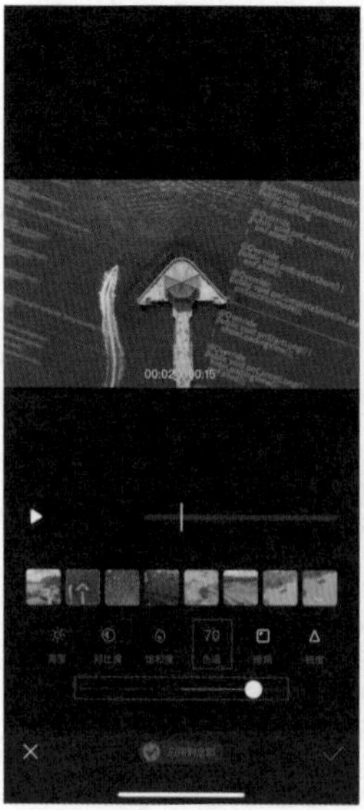

色温调节

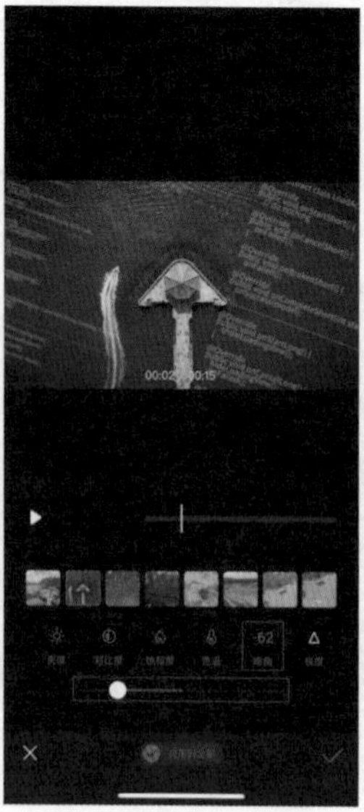

暗角调节

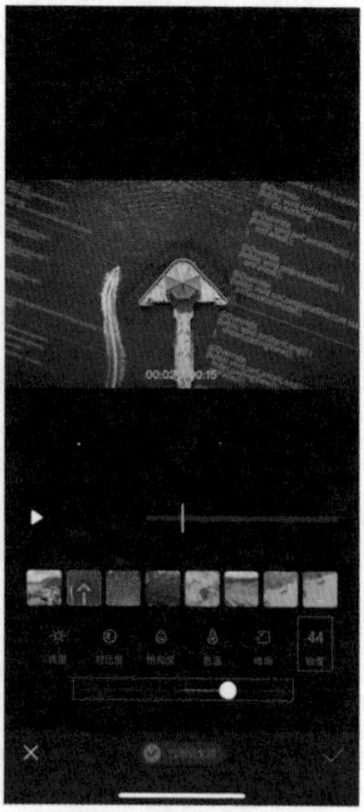

锐度调节

调节完所有参数后，我们可以看到界面底部有一个“应用到全部”按钮，点击该按钮以后选择“应用到全局”选项，可以将设置好的参数应用到所有素材中。

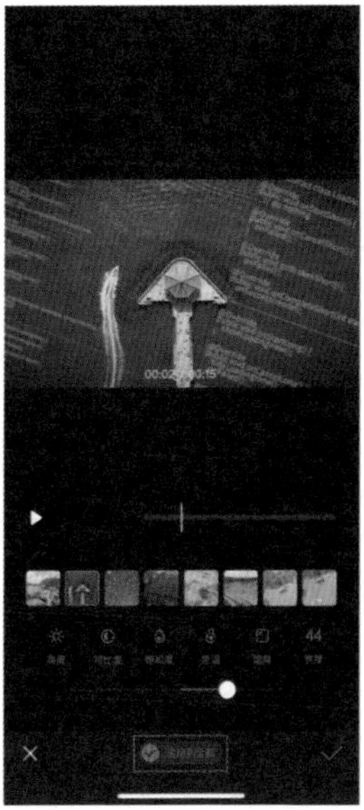

点击“应用到全部”按钮

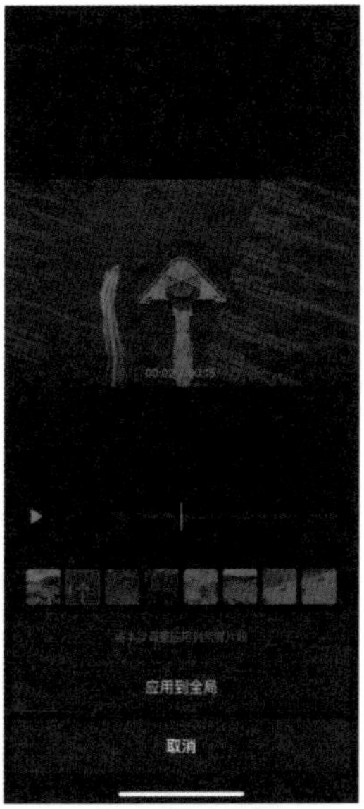

选择“应用到全局”选项

功能区中的最后一个功能是“音量”功能。选择“音量”选项，进入音量调整界面，可以对素材的音量进行调节，完成后点击界面右下角的“√”按钮即可。

完成所有调整后，点击界面右上角的“导出”按钮，即可得到完整的视频文件。

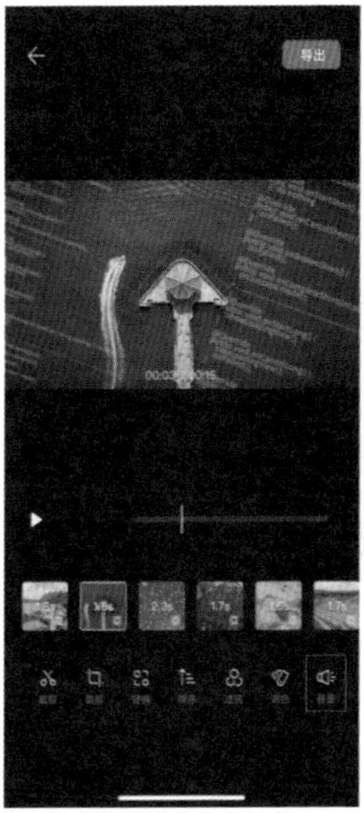

选择“音量”选项

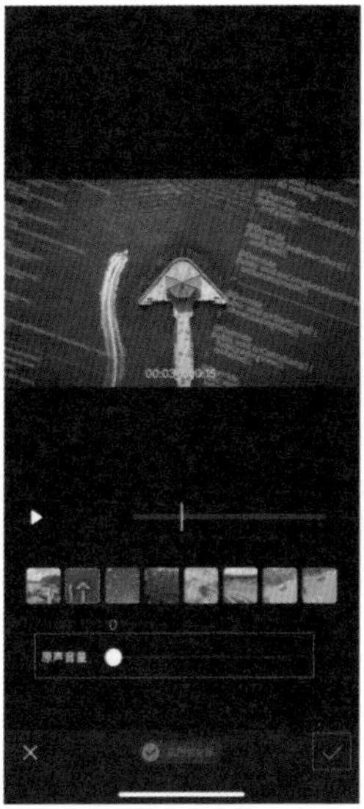

音量调整界面

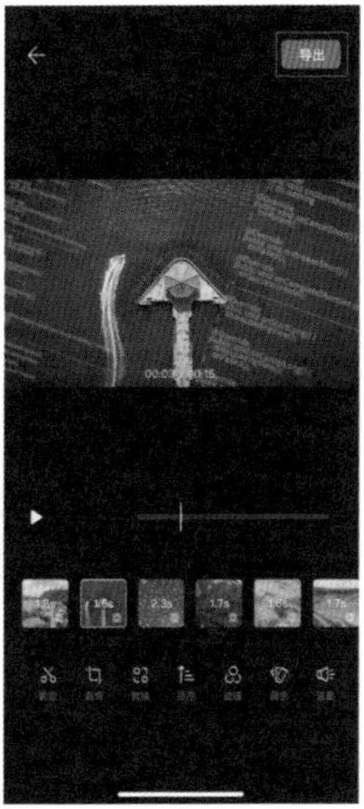

点击“导出”按钮

8.3 DJI Fly App的高级编辑功能

了解 DJI Fly App 的模板编辑功能以后，我们再来了解它的高级编辑功能。如果你现在有时间，可以尝试跟着下面的教学指导来进行视频剪辑，做出属于自己的 Vlog。

打开 DJI Fly App，在创作界面中选择“高级”选项，进入素材导入界面。

选择“高级”选项

在素材导入界面中，选择一段预先准备好的素材，然后点击界面右上角的“导入”按钮。和模板编辑功能不同的是，这里仅能导入一段素材。

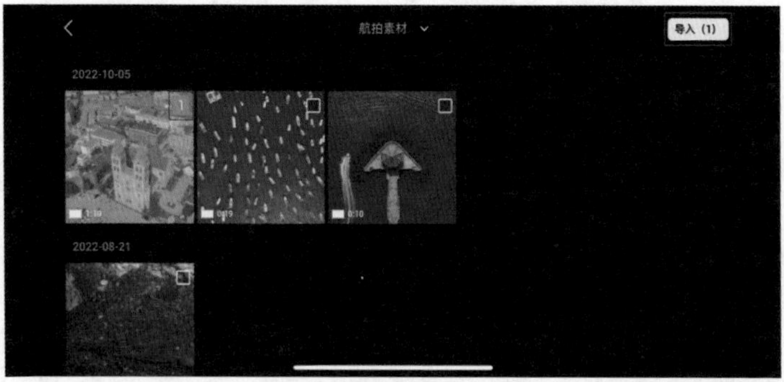

素材导入界面

导入素材后，我们就可以进入高级编辑界面了，高级编辑界面和模板编辑界面较为类似，但因为只能导入一段素材，所以素材缩略图变成了时间轴。高级编辑界面里的时间轴相当于模板编辑界面里的进度条，拖动时间轴即可直接查看相应的视频画面。高级编辑界面的功能区共有 5 个选项，分别是“剪辑”“音乐”“滤镜”“字幕”“贴纸”。

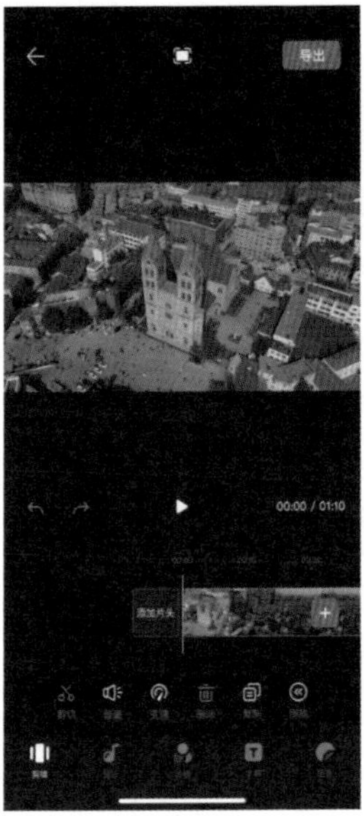

高级编辑界面

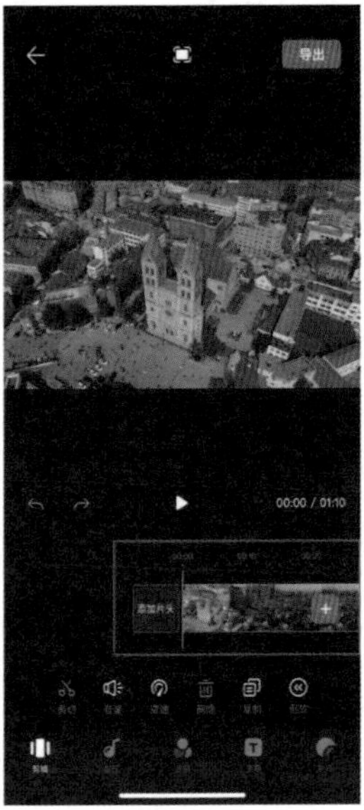

时间轴

功能区

我们先来看“剪辑”功能。选择“剪辑”选项，进入剪辑功能区，可以看到“剪切”“音量”“变速”“删除”“复制”“倒放”6 个子选项。

当我们将时间轴上的白色竖线移动至素材的任意位置时，选择“剪切”选项可以使用剪切功能将素材切分成两段，该功能在裁剪分镜时经常使用。当我们将素材剪切以后，其中一个素材片段周围有红色方框，这代表接下来的编辑只针对该素材片段发挥作用，对另一个周围没有红色方框的素材片段不起作用。

一段素材可以被多次剪切成若干个片段。剪切点所在的位置会出现一条白色竖线和一个白色矩形图标，它们分别是切分线和“转场效果”按钮。点击“转场效果”按钮，进入转场效果选择界面，这里提供了多种转场效果，我们可以根据视频的风格进行选择，完成后点击“ √ ”按钮让转场效果生效。这里要提醒一点，不要频繁使用转场效果，也不要频繁添加多种不同类型的转场效果，因为这样会让整段视频看起来十分杂乱，从而削弱视频本身的美感。

选择“剪辑”选项

进入剪辑功能区

选择“剪切”选项

“音量”“变速”及“删除”功能不用多说，接下来介绍一下“复制”功能。“复制”功能用于复制一段选中的素材。选择“复制”选项后可以在时间轴上看到两段相同的素材。

点击“转场效果”按钮

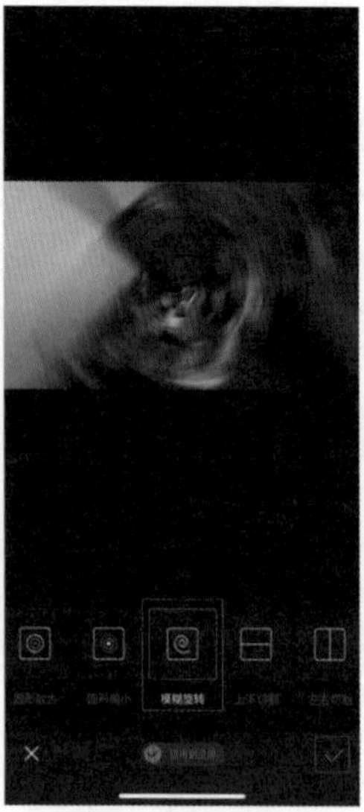

转场效果选择界面

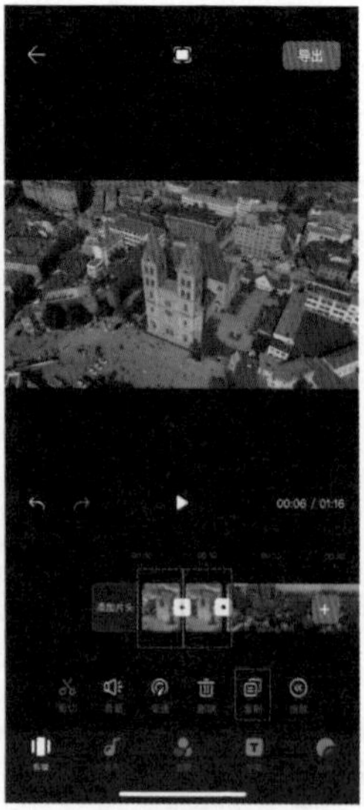

选择“复制”选项

“倒放”功能用于让视频倒序播放。选择“倒放”选项后，系统将自动对选定的素材进行倒放，完成后可以看到时间轴上的该段素材发生了变化。

选择“倒放”选项

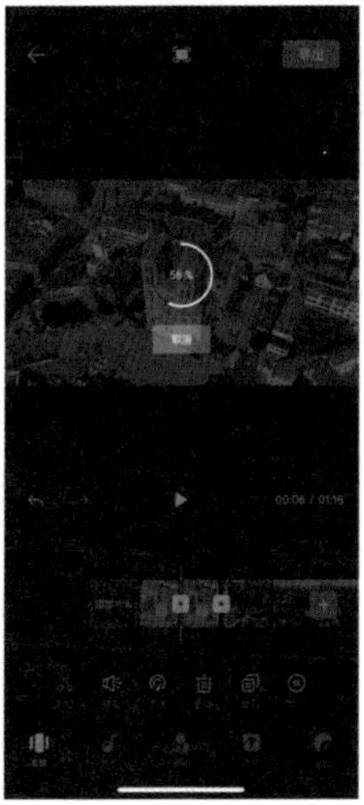

自动倒放界面

完成倒放后的界面

下面我们来了解“音乐”选项下的子选项。选择“音乐”选项，可以看到 6 个子选项，时间轴的下方也出现了音频轴，通过音频轴我们可以看到音乐的节奏变化，以及音频和视频的对应关系，这能够帮助我们更好地进行音乐剪辑。

我们先给视频添加一段音乐，选择“添加”选项或点击音频轴的空白处进行音乐的添加。然后我们可以看到，系统对不同的音乐类型进行了分类，选择一段匹配视频的音乐，点击“使用”按钮即可完成添加。此时音频轴上会出现这段音乐的信息，原本是灰色的其他选项现在都变成了白色，这说明我们可以对该音频进行编辑操作了。

音乐功能界面

音频轴

选择“添加”选项或点击音频轴的空白处

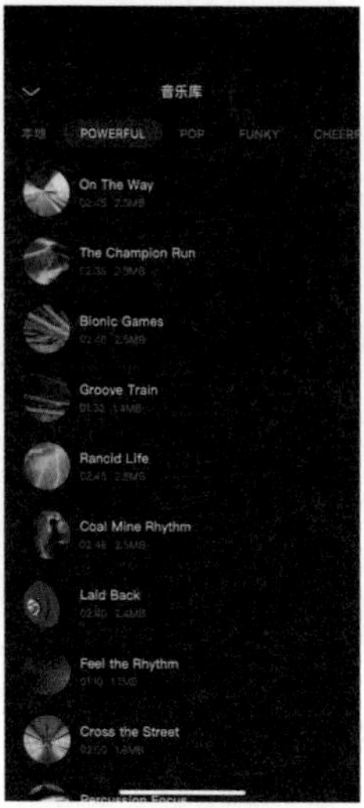

选择一段音乐

音频轴上出现信息

“替换”功能用于对选中的音乐进行更换。“截选”功能用于截取音乐。例如，有些音乐的前奏很长，而我们需要将音乐的高潮部分放在视频的开头，此时就可以使用“截选”功能。

“替换”和“截选”选项

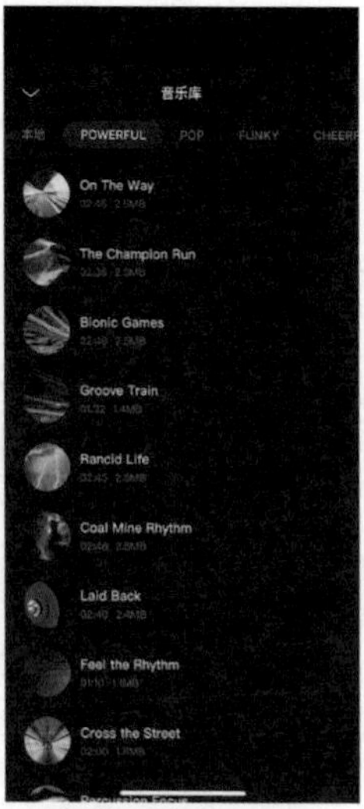

音乐替换界面

音乐截选界面

使用“音量”功能可以设置音乐的音量大小，以及音乐入场和出场时的声音效果。其中，“淡入”和“淡出”效果适合分别用在视频的开头和结尾处。设置完成后点击界面右下角的“ √ ”按钮。

使用“节拍”功能可以在音频轴上标记节拍，适用于有卡点特效的视频。标记节拍有手动踩点和自动踩点两种方式。红色击鼓图标是“手动踩点”按钮，将音频轴上的白色竖线拖动至需要标记的位置，点击“手动踩点”按钮即可标记节拍。当然，你也可以点击“一键踩点”按钮，让系统自动识别节拍位置并进行标记，设置完成后点击“ √ ”按钮。

“音乐”选项下最后一个子选项“删除”选项的作用较简单，这里不再赘述。

选择“音量”选项

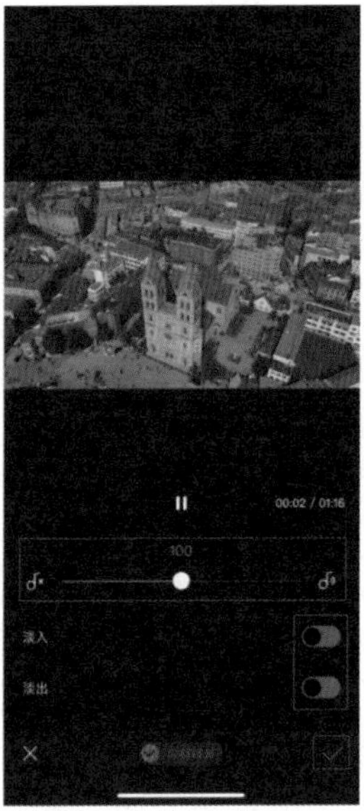

音量功能界面

选择“节拍”选项

“滤镜”选项下包括“滤镜”“调色”“美颜”3 个子选项，我们可以根据自身需求进行滤镜的选择和调色参数的设置。

“字幕”功能用于在视频中添加文字，以丰富画面内容，起到美化、引导和提示的作用。选择“字幕”选项，再选择“添加”选项，进入字幕编辑界面，我们可以看到输入文本框和键盘。在输入文本框中输入文字，监视器中会同步显示文字内容。

手动踩点

自动踩点

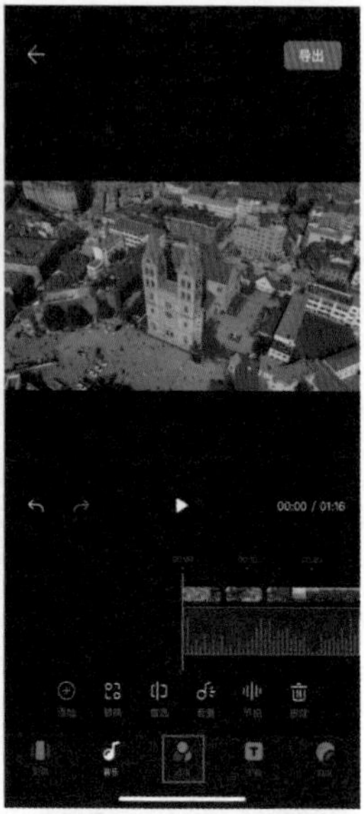

选择“滤镜”选项

滤镜界面

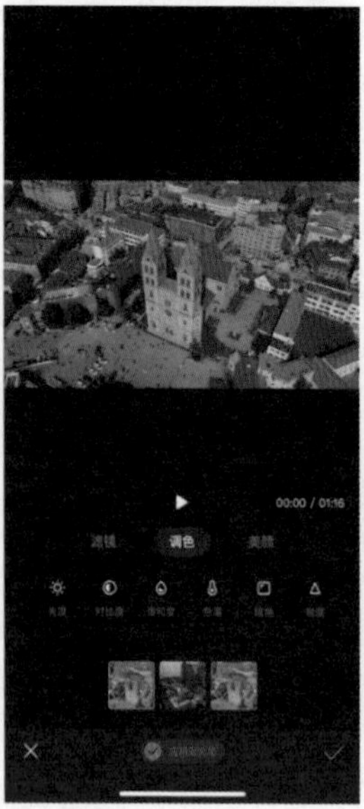

调色界面

美颜界面

选择“字幕”选项

选择“添加”选项

字幕编辑界面

编辑好文字内容后，还能修改文字的样式、字体和位置。选择“样式”选项，可以选择文字样式。选择“字体”选项，可以编辑文字的字体和颜色等。选择“位置”选项，可以按九宫格分布的方式选择文字的放置位置，还可以手动拖动监视器中的文本框来改变文字的位置。

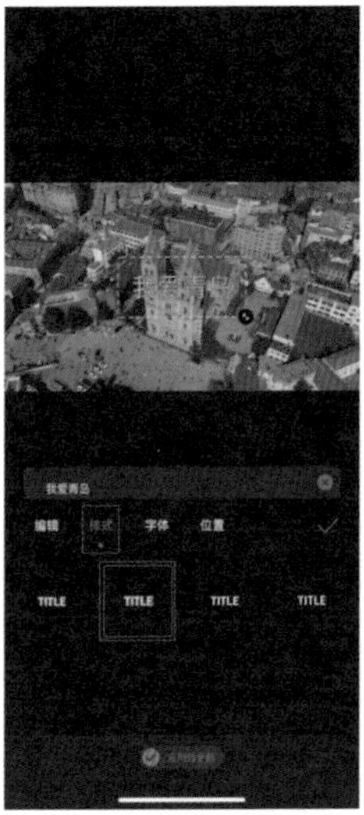

样式选择界面

字体编辑界面

位置选择界面

字幕编辑完成后回到主界面，可以看到多了一条字幕时间轴，拖动字幕时间轴两端的白色边框可以改变字幕的显示时长。选择“字幕”选项，再选择“动画”选项，可以给字幕添加动画效果。“复制”和“删除”选项的作用非常简单，不做过多介绍。

字幕时间轴

选择“动画”选项

动画添加界面

最后介绍一下“贴纸”功能。选择“贴纸”选项，再选择“添加”选项，进入贴纸选择界面，可以看到多种预设的贴纸，我们可以根据自己的喜好和视频内容选择合适的贴纸。

添加贴纸后，主界面会出现一条贴纸时间轴，拖动贴纸时间轴两端的白色边框可以改变贴纸的显示时长。当贴纸时间轴和字幕时间轴重合时，意味着贴纸和字幕会同时出现在视频画面中。字幕时间轴显示为绿色，贴纸时间轴显示为黄色。

选择“贴纸”选项

选择“添加”选项

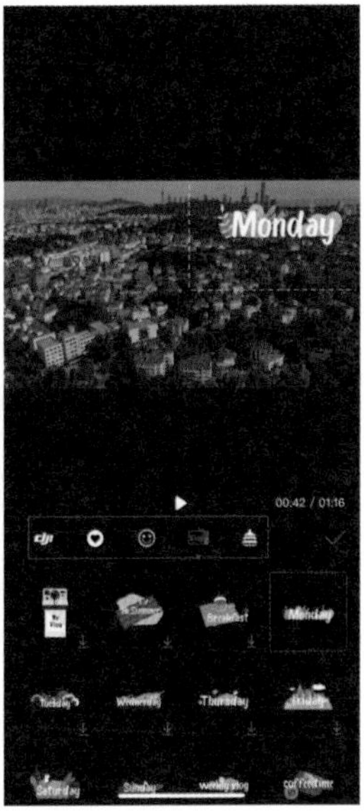

贴纸选择界面

贴纸时间轴

贴纸时间轴和字幕时间轴重合

在线学习更多系统视频和图文课程

如果读者对人像摄影、风光摄影、商业摄影及数码摄影后期处理（包括软件应用、调色与影调原理、修图实战等）等知识有进一步的学习需求，可以关注作者的百度百家号学习系统的视频和图文课程，也可以添加作者微信（微信号 381153438）进行沟通和交流，学习更多的知识！

百度搜索“摄影师郑志强 百家号”，之后点击“摄影师郑志强”的百度百家号链接，进入“摄影师郑志强”的百度百家号主页。

在“摄影师郑志强”的百度百家号主页内，点击“专栏”，进入专栏列表可深入学习更多视频和图文课程。